技工院校一体化课程教学改革机械设备维修专业教材

机构拆装与检测

人力资源和社会保障部教材办公室组织编写

中国劳动社会保障出版社

内容简介

本书主要内容包括自行车拆装与检测、车床主轴箱拆装与检测两个学习任务。

图书在版编目(CIP)数据

机构拆装与检测/人力资源和社会保障部教材办公室组织编写. —北京：中国劳动社会保障出版社，2013

技工院校一体化课程教学改革机械设备维修专业教材

ISBN 978-7-5167-0547-6

Ⅰ.①机…　Ⅱ.①人…　Ⅲ.①机床-安装-技工学校-教材②机床-检测-技工学校-教材　Ⅳ.①TG5

中国版本图书馆 CIP 数据核字(2013)第 181317 号

中国劳动社会保障出版社出版发行

（北京市惠新东街 1 号　邮政编码：100029）

出版人：张梦欣

*

北京市艺辉印刷有限公司印刷装订　　新华书店经销

787 毫米×1092 毫米　16 开本　7.5 印张　130 千字

2013 年 8 月第 1 版　　2025 年 12 月第 11 次印刷

定价：16.00 元

营销中心电话：400-606-6496

出版社网址：http://www.class.com.cn

http://jg.class.com.cn

技工院校一体化课程教学改革教材编委会名单

编审委员会

主　任：王晓初

副主任：吴道槐　张　斌　张梦欣　金　龄　张亚男　王晓君

委　员：冯　政　田　丰　翟　涛　万　象　何绪军　刘　春　王雪宁
　　　　蔡　兵　陈　蕾　蒋燕辰　刘素华

编审人员

主　编：齐付普

参　编：孙会双　陈志贵　梁志强　谭　巍　王秀华　孙向龙　高晓军

顾　问：朱永亮　张利芳　张晓梅

序

人才是我国经济社会发展的第一资源，技能人才是人才队伍的重要组成部分。党中央、国务院高度重视技能人才队伍建设工作，2009 年 12 月，胡锦涛总书记在视察珠海市高级技工学校时指出："没有一流的技工，就没有一流的产品"、"技能型人才在推进自主创新方面具有不可替代的重要作用"。技工院校是系统培养技能人才的重要基地。多年来，技工院校始终紧紧围绕国家经济发展和劳动者就业，以满足经济发展和企业对技术工人的需求为办学宗旨，形成了鲜明的办学特色，为国家培养了大批生产一线技能劳动者和后备高技能人才。

当前，我国处于全面建设小康社会的关键时期，随着加快转变经济发展方式、推进经济结构调整以及大力发展高端制造产业等新兴战略性产业，迫切需要加快培养一大批具有精湛技能和高超技艺的技能人才。为了遵循技能人才成长规律，切实提高培养质量，进一步发挥技工院校在技能人才培养中的基础作用，从 2009 年开始，我部借鉴国内外职业教育先进经验，在全国 17 个省（区、市）的 30 所技工院校启动了一体化课程教学改革试点工作，推进以职业活动为导向，以校企合作为基础，以综合职业能力培养为核心，理论教学与技能操作融合贯通的一体化课程教学改革。这项改革试点将传统的以学历为基础的职业教育转变为以职业技能为基础的职业能力教育，促进了职业教育从知识教育向能力培养转变，努力实现"教、学、做"融为一体，收到了积极成效。改革试点得到了学校师生的充分认可，普遍反映一体化课程教学改革是技工院校一次"教学革命"，学生的学习热情、教学组织形式、教学手段和学生的综合素质都发生了根本性变化。试点的成果表明，一体化课程教学改革是转变技能人才培养模式的重要抓手，是推动技工院校改革发展的重要举措，也是人力资源社会保障部门加强技工教育和在职业培训工作的一个重点项目。

教学改革的成果最终要以教材为载体进行体现和传播。根据我部推进一体化课程教学改革的要求，一体化课程改革专家、几百位试点院校的骨干教师以及中国人力资源和社会保障出版集团的编辑团队，用了三年多的时间，组织实施了一体化课程教学改革试点，并将试点中形成的课程成果进行了整理、提炼，汇编成“活页”教材。这套教材不仅在形式上打破了传统教材的编写模式，而且在内容上突破了传统教材的结构体例，在国内职业教育培训教材领域中均属首创。这套教材及配套资料的出版，不仅是本次一体化课程教学改革试点工作的阶段性总结，也是一体化课程教学改革不断深化和全面推广的一个起点。希望全国技工院校将一体化课程教学改革作为创新人才培养模式、提高人才培养质量的重要抓手，进一步推动教学改革，促进内涵发展，提升办学质量，为加快培养合格的技能人才作出新的更大贡献！

人力资源和社会保障部副部长

王晓初

二〇一二年八月

活页式教材使用说明

◆ 页码编排方式

为了更加方便地在教材中增删和替换内容，页码采用“学习任务编号-学习活动编号-页码号”三级编排形式，如“3-2-4”表示“学习任务三”的“学习活动2”的第4页。

◆ 过程评价表使用方法

教材中设计了“自评表”、“互评表”、“教师总评表”、“综合评价表”等评价表格，表头上有“班级”、“姓名”、“学号”等信息栏，从活页教材中取出评价表填写后可以单独提交。

◆ 教材内容更新方法

中国人力资源和社会保障出版集团将根据一体化课程教学改革的推进以及科学技术的发展和不同地域的需要，不断补充和更新教材中的学习任务和学习活动，学校可以从“技工院校一体化教学资源网（http：//yth.cott.org.cn）”下载（需在网站注册）。通过网站还可以了解到更多的一体化课程教学改革信息和下载相关资源。

◆ 便携式活页夹和PVC保护板使用方法

使用教材中附赠的便携式活页夹，可以灵活方便地将教材中部分内容携带至一体化教学场地。教材内附的整张PVC保护板可以作为学习记录垫板使用。

◆ 参考用书选用方法

在学习过程中，学生需要查阅大量参考资料，下表为中国人力资源和社会保障出版集团出版的适宜本专业一体化教学使用的参考书目录。

机床设备维修／模具制造专业一体化教学参考书目录（中级阶段）

序号	书号	书名
1	978-7-5045-9709-0	机械制图（少学时）（双色印刷）
2	978-7-5045-9690-1	机械基础（少学时）（双色印刷）
3	978-7-5045-9677-2	金属材料与热处理（少学时）（双色印刷）
4	978-7-5045-9717-5	极限配合与技术测量基础（少学时）（双色印刷）
5	978-7-5045-9689-5	机械制造工艺基础（少学时）（双色印刷）
6	978-7-5045-9713-7	工程力学（少学时）（双色印刷）
7	978-7-5045-9668-0	电工学（少学时）（双色印刷）
8	978-7-5045-9049-7	机修钳工工艺与技能　学生用书II　基础知识
9	978-7-5045-6877-9	模具钳工工艺学
10	978-7-5045-6934-9	模具钳工技能训练

目　　录

学习任务一　自行车拆装与检测

学习目标

1. 能独立阅读自行车维护保养任务单，明确保养内容和要求，制订合理的工作进度计划。

2. 能查阅参考资料，了解自行车的发展过程，正确叙述自行车维护保养内容。

3. 能查阅参考资料，仔细观察自行车，正确识读自行车的结构与原理、零部件连接方式。

4. 能合理选择拆装所需的工具、量具和辅助用具，按要求完成自行车及主要部件的拆卸保养。

5. 能确定自行车整车装配顺序，制定山地自行车整车装配工艺并完成整车装配。

6. 能查阅参考资料，确定自行车整车检验项目及要求，正确使用检验工具进行外观检验和装配检验，并根据检验结果，分析自行车整车装配后易出现问题的原因，提出相应的调整措施并实施。

7. 能按照“6S”管理规范，合理使用工具、量具和辅助用具，正确放置零件，整理工作现场，处置废弃物。

8. 能主动获取有效信息，对学习与工作进行反思总结，并能与他人开展良好合作，进行有效的沟通。

建议学时

80 学时。

工作情境描述

一辆山地自行车骑乘近一年，其骑行状态基本正常，车主送到某自行车修理部要求对其进行一次完整的维护保养。自行车保养的具体要求见“自行车维护保养任务单”。修理部经理安排本小组完成该自行车的保养任务。

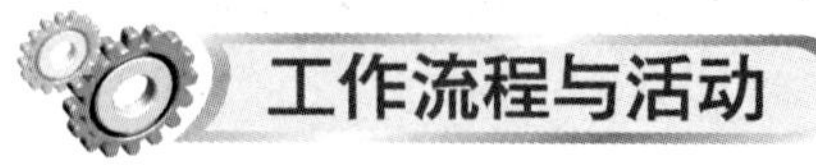

1. 接受工作任务，制订工作计划（10 学时）
2. 自行车及主要部件拆卸与保养（40 学时）
3. 自行车整车装配与检测（26 学时）
4. 工作总结、成果展示、经验交流（4 学时）

学习活动 1　接受工作任务，制订工作计划

学习目标

1. 能独立阅读自行车维护保养任务单，明确保养内容和要求，制订合理的工作进度计划。

2. 能查阅参考资料，了解自行车的发展过程。

3. 能查阅参考资料，正确叙述自行车维护保养内容，并确定本任务工作流程。

建议学时：10 学时。

学习过程

一、领取任务单，明确工作任务

自行车维护保养任务单

<table>
<tr><td>顾客姓名</td><td>车辆编号</td><td>名称</td><td>型号规格</td><td>保养级别</td><td>保养日期</td><td>签发人</td><td>签发日期</td></tr>
<tr><td></td><td></td><td></td><td></td><td></td><td></td><td></td><td></td></tr>
<tr><td rowspan="9">主要保养内容</td><td rowspan="9">1. 拆卸自行车，并清洗自行车零部件
2. 对主要部件（包括前叉合件、链条、拨链器、中轴、前后轴及变速机构、轮组等）进行拆装，完成检测和保养。如果零件磨损严重，应更换
3. 自行车装配，保证骑行正常</td><td>配件名称</td><td>规格</td><td>单位</td><td>数量</td><td>单价(元)</td><td>金额(元)</td></tr>
<tr><td></td><td></td><td></td><td></td><td></td><td></td></tr>
<tr><td></td><td></td><td></td><td></td><td></td><td></td></tr>
<tr><td></td><td></td><td></td><td></td><td></td><td></td></tr>
<tr><td></td><td></td><td></td><td></td><td></td><td></td></tr>
<tr><td></td><td></td><td></td><td></td><td></td><td></td></tr>
<tr><td></td><td></td><td></td><td></td><td></td><td></td></tr>
<tr><td></td><td></td><td></td><td></td><td></td><td></td></tr>
<tr><td></td><td></td><td></td><td></td><td></td><td></td></tr>
</table>

续表

<table>
<tr><td>工种</td><td>工时</td><td>单价(元)</td><td>金额(元)</td><td></td><td></td><td></td><td></td><td></td><td></td></tr>
<tr><td></td><td></td><td></td><td></td><td></td><td></td><td></td><td></td><td></td><td></td></tr>
<tr><td></td><td></td><td></td><td></td><td></td><td></td><td></td><td></td><td></td><td></td></tr>
<tr><td></td><td></td><td></td><td></td><td></td><td></td><td></td><td></td><td></td><td></td></tr>
<tr><td></td><td></td><td></td><td></td><td></td><td></td><td></td><td></td><td></td><td></td></tr>
<tr><td></td><td></td><td></td><td></td><td colspan="3">定额费用（元）</td><td colspan="3">实支金额（元）</td></tr>
<tr><td>说明</td><td colspan="3">1. 本表复写一式三份，自存一份，顾客一份，一份作为结算凭证转财务处
2. 配件材料不够时可另纸附后</td><td colspan="3">保养人签字：
年 月 日</td><td colspan="3">验收人签字：
年 月 日</td></tr>
</table>

阅读维护保养任务单，复述本次维护保养任务的保养对象和内容要求。

二、制订工作进度计划

本任务安排80学时，依据任务要求，制订合理的工作进度计划，根据小组成员的特点进行分工。

序号	工作内容	完成时间	工作要求	组员及分工
1	阅读自行车使用手册		了解自行车的结构、保养要求等	

续表

序号	工作内容	完成时间	工作要求	组员及分工

三、了解自行车的发展

1．自行车发展史

1790 年

1818 年

1840 年

1861 年

1885 年

1886 年

从 1790 年到 1886 年，自行车的发明和改进经历了近 100 年，基本奠定了现代自行车的雏形。如今自行车已成为使用最多、最简单、最实用的交通工具。查阅资料，列举一些新型自行车，并将图片贴在下面空白处（或另附页）。

2. 在自行车发明的早期阶段，曾经出现了各种自行车外形的设想。查阅参考资料，分析这些设想是否可行？为什么？将你的分析写在最后一列中。

图示	说明	分析
	轮椅自行车：把自行车的两个轮子设计成左右放置	
	一人高车轮自行车：设计者认为轮子越大，行驶速度越快	
	五轮自行车：由一个主动力轮和四个辅助小轮组成，设计者认为这种自行车速度和平衡性好	

3. 我国是自行车王国，常见的自行车有“28”、“26”和“24”等型号，这些型号是按车轮直径的尺寸命名的，如“26”自行车车轮的直径是26英寸，换算成公制单位是多少？根据本任务山地自行车的型号计算车轮直径。

四、认知自行车的维护保养

1. 搜集山地自行车的使用手册和与自行车相关的国家标准，在下面列出 2 ~ 3 个你认为与本任务相关的国家标准。自行车的使用手册一般包括结构名称、安全骑行和维护保养等信息，在下面摘抄其中有关自行车保养的内容。

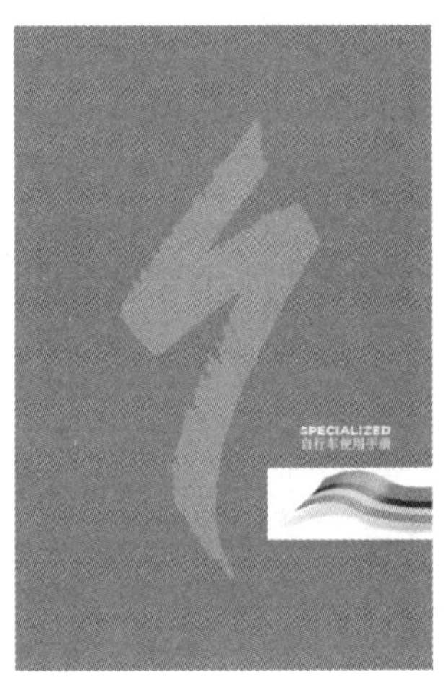

2. 参照自行车维护保养内容，确定本任务的工作流程。

学习活动2　自行车及主要部件拆卸与保养

学习目标

1. 能查阅参考资料并观察自行车，正确认知自行车的结构与原理、零部件连接方式。

2. 能合理选择拆装所需的工具、量具和辅助用具。

3. 能按要求完成自行车及主要部件的拆卸保养。

4. 能按照“6S”管理规范，合理使用工具、量具和辅助用具，正确放置拆卸零件，整理工作现场，处置废弃物。

建议学时：40学时。

学习过程

一、认知自行车结构与原理

1. 自行车的结构组成

（1）阅读自行车使用手册和国家标准《自行车部件分类、名称和主要术语》（GB/T 3564—1993），按下图所示填写自行车各部件的名称。

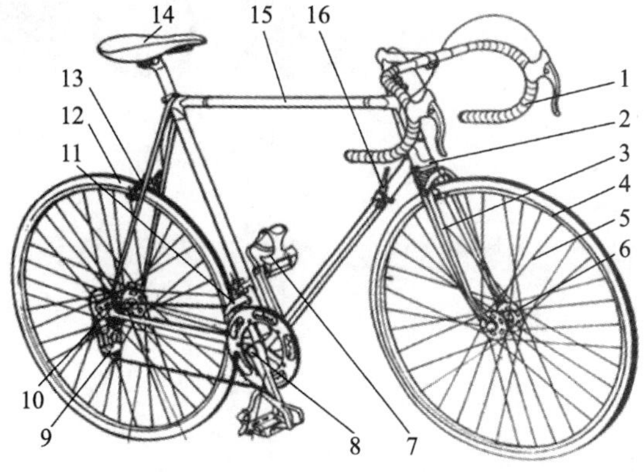

1—__________	2—__________	3—__________	4—__________
5—__________	6—__________	7—__________	8—__________
9—__________	10—__________	11—__________	12—__________
13—__________	14—__________	15—__________	16—__________

（2）自行车的结构按照其工作特点大致可分为导向系统、驱动系统和制动系统。叙述各系统的组成和功能。

2. 自行车的机构组成与工作原理

（1）机器是人们根据使用要求而设计制造的一种执行机械运动的装置，用来变换或传递能量、物料与信息，从而代替或减轻人类的体力劳动和脑力劳动；机构是具有确定相对运动的构件的组合，是用来传递运动和力的构件系统。机器与机构的区别在于机器除具备机构的特征外，还能够利用机械能做功或将其他形式的能量转换为机械能。根据机器和机构的区别，叙述自行车和汽车的区别。

（2）机构的特征是传递或转换运动或实现某种特定的运动形式。自行车是典型的传动式机构，其核心传动装置包括主动齿轮（俗称轮盘）、被动齿轮（俗称飞轮）、链条及变速器等，可以完成骑乘者蹬力的传递和形式的改变。查阅参考资料，根据图示填写常见传动机构的特点，并将自行车采用的机构类型在最后一列用“√”标出。

机构类型	图示	特点	自行车是否采用
带传动机构			
螺旋传动机构			
链传动机构			
齿轮传动机构			

续表

机构类型	图示	特点	自行车是否采用
蜗杆 传动机构			
平面 连杆机构	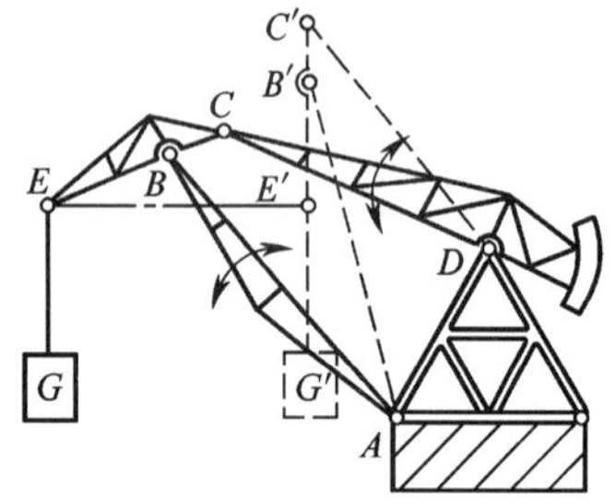		
凸轮机构			
变速机构	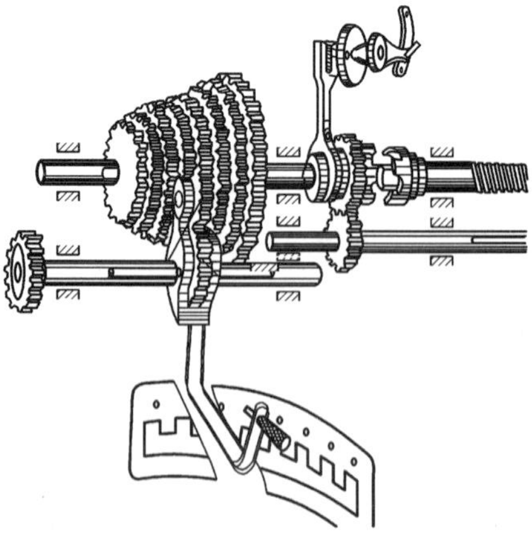		

续表

机构类型	图示	特点	自行车是否采用
换向机构	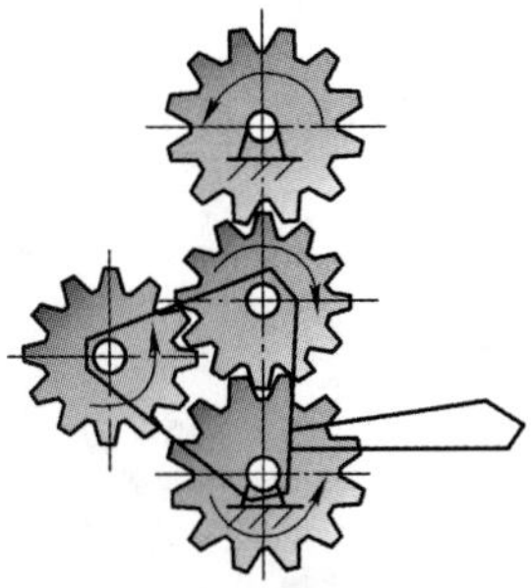		
间歇机构			

（3）简要描述自行车的工作原理，并用方框图表示自行车的运动传递过程。

3. 自行车的主要部件

（1）车架部件是构成自行车的基本结构体，也是自行车的骨架和主体，其他部件都是直接或间接安装在车架上的。车架应该满足哪些要求？一般采用什么材料制成？

（2）前叉部件位于自行车的前方部位，它的上端与车把部件相连，车架部件与前管配合，下端与前轴部件配合，组成自行车的导向系统。叙述前叉部件的作用。

梁是由支座支承的主要承受弯矩和剪力的构件。根据其结构特点，梁可以简化为三种基本类型：简支梁、外伸梁和悬臂梁。查阅参考资料，根据图示在下表中填写不同类型梁的结构特点。

类型	图示	结构特点
简支梁		
外伸梁		
悬臂梁		

结合不同类型梁的结构特点，根据自行车前叉部件的受力情况，前叉部件属于哪种类型梁，且应该满足哪些性能要求？

（3）自行车中的轴分中轴和前、后轴。中轴是装在车架五通内的用于连接左右曲柄的转动部件，前、后轴是分别连接前、后轮的支承部件。

为了保证轴上零件有确定的轴向位置，防止零件沿轴向移动并传递轴向力，轴上零件必须沿轴向在轴上固定。查阅参考资料，根据图示填写常用轴上零件的轴向固定方法的结构特点。观察自行车，在最后一列将自行车中轴和前、后轴零件的轴向固定方式用“√”标出。

固定方法	图示	结构特点	自行车是否采用
圆螺母	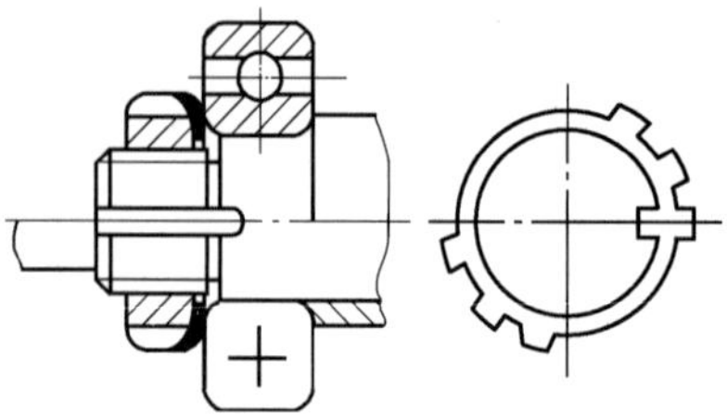		
轴肩与轴环	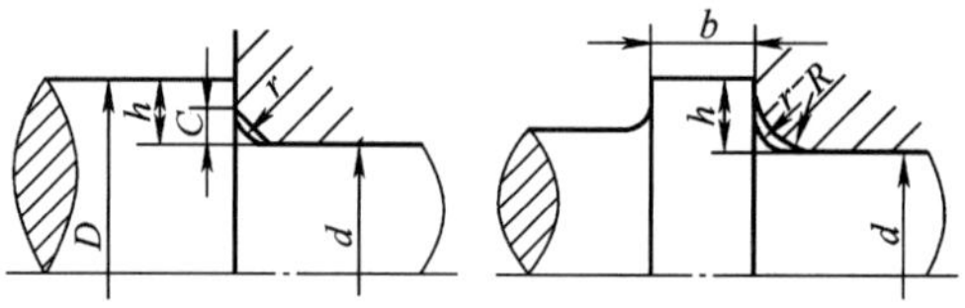		
套筒	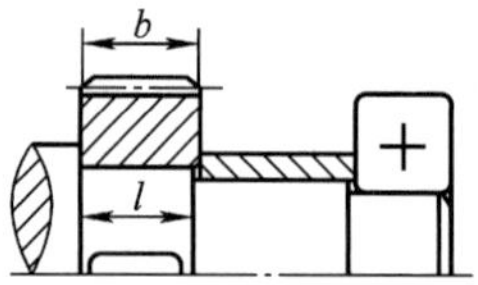		
轴端挡圈	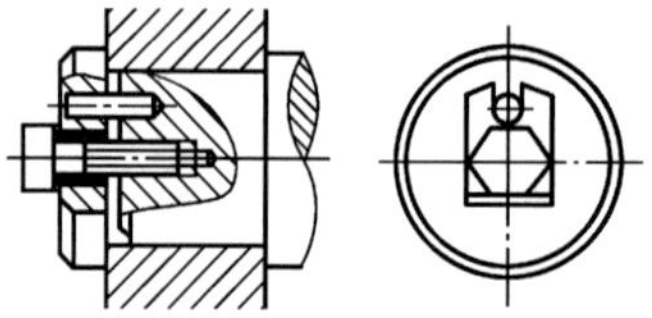		
弹性挡圈	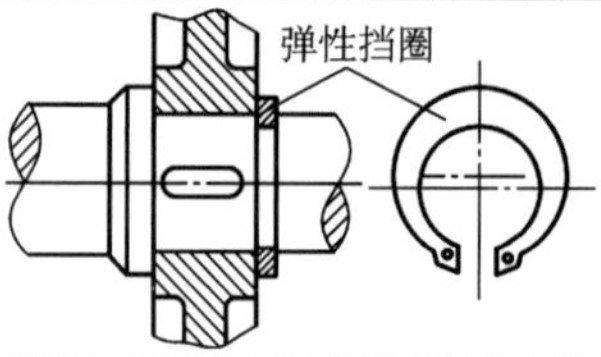		
轴端挡板	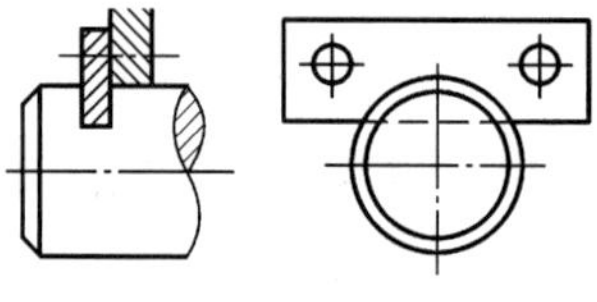		
紧定螺钉与挡圈	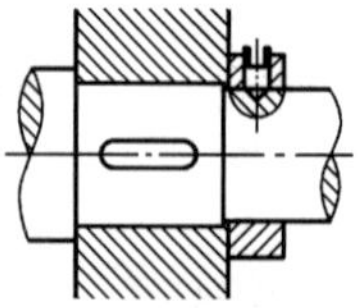		
圆锥面	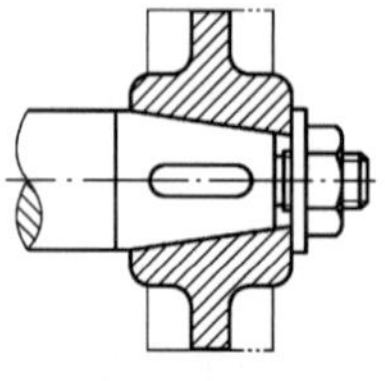		

（4）车闸部件俗称刹车，包括前闸和后闸，是自行车的制动装置。刹车时刹车片紧紧压在车轮上，产生巨大摩擦力使得车轮转动在短时间内减慢停止，达到刹车的目的。影响车闸制动效果（如制动距离）的因素包括行驶速度、骑行者质量等。结合车闸制动原理，分析制动距离与行驶速度、骑行者质量的关系。

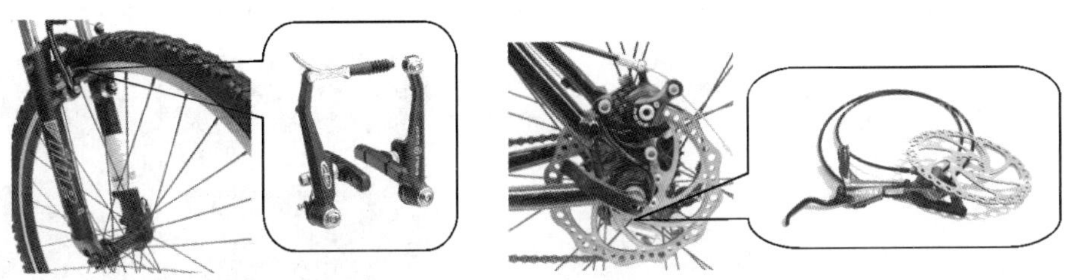

（5）自行车骑行时，脚踏力首先传递给脚蹬部件，然后由脚蹬带动曲柄、中轴、链轮、链条、飞轮，使后轮转动，从而使自行车前进。链传动装置由脚蹬、中轴、链条和链轮等组成。链传动是利用链与链轮轮齿的啮合来传递动力和运动的机械传动。与带传动相比，链传动有何优点？为什么在自行车中都采用链传动，而不采用带传动？

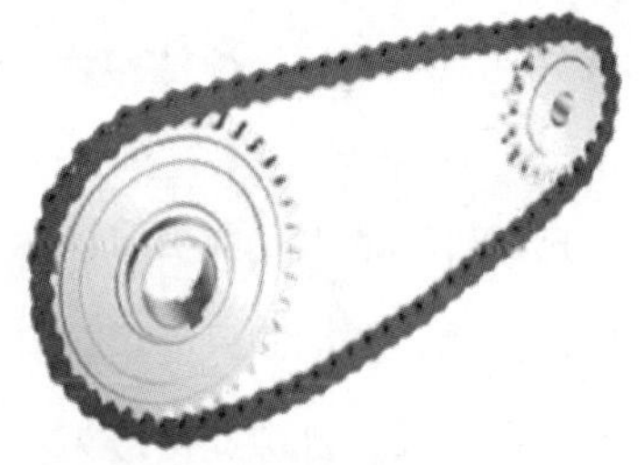

链条长度以链节数来表示。观察本任务自行车，数出其链条长度。自行车对链节数有何要求？为什么？自行车链条的什么位置容易磨损？

（6）自行车的骑行条件包括起步、停止、上坡、下坡、迎风、顺风等。要使自行车不管在何种条件下都能保持一定的速度，就需要用到变速系统。自行车变速系统的作用就是通过改变链条和不同大小的前、后齿盘的配合来改变车速快慢。前、后齿盘的齿数决定旋动脚蹬时的力度。前齿盘齿数越多，后齿盘齿数越少，脚蹬时感到费力；前齿盘齿数越少，后齿盘齿数越多，脚蹬时感到轻松。从传动比的角度解释上述现象的原因。

二、识读自行车零部件连接方式

一辆自行车需要多种连接方式相结合使用，才可以形成一个整体。自行车常见的连接方式包括固定连接、活动连接、柔性连接。

1. 固定连接

连接件不能做相对运动的连接称为固定连接。固定连接分两种：一种是不可拆卸连接，一旦连接后，要拆卸只能是破坏性的，如铆接与焊接等；另一种是可拆卸连接，但是一般情况下不拆卸，且被连接成为一个整体的零件作为一个固定件进行一定功能的应用，如键连接、销连接、螺纹连接等。

（1）下图所示自行车车架采用的连接方式是________（可/不可）拆卸连接中的________。

自行车车架的连接方式

（2）下图所示普通自行车的中轴与曲柄连接采用的连接方式是______（可/不可）拆卸连接中的________。

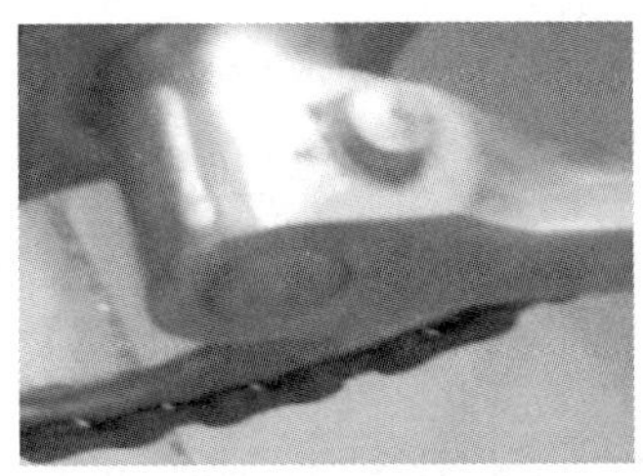

中轴与曲柄的连接

（3）螺纹连接属于可拆卸的固定连接，在生活中较为普遍，可分为螺栓连接、螺柱连接、螺钉连接。列出本任务自行车中的螺纹连接部位，并拍照贴在下面空白处（或另附页）。

为保证螺纹连接的安全可靠，尤其是重要场合下的螺纹连接，必须考虑防松问题。螺纹连接常用的防松方法有利用摩擦力防松、机械元件防松和破坏螺纹副运动关系防松等。根据三种形式的具体防松方法的特点，写出自行车中采用的螺纹连接防松方法的应用位置。（说明：不一定所有防松方法在自行车上都有应用）

形式	图示	具体防松方法特点	应用位置
利用摩擦力防松	副螺母 螺栓 主螺母	利用主、副两个螺母，先将主螺母拧紧至预定位置，然后再拧紧副螺母。这种防松装置由于要用两只螺母，增加了结构尺寸和质量，一般用于低速重载或较平稳的场合	
		这种防松装置容易刮伤螺母和被连接件表面，同时，因弹力分布不均，螺母容易偏斜。其构造简单，一般用于工作平稳，不经常装拆的场合	

续表

形式	图示	具体防松方法特点	应用位置
机械元件防松	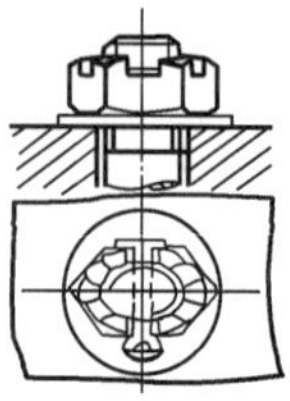	用开口销把螺母直接锁在螺栓上，防松可靠，但螺杆上销孔位置不易与螺母最佳销紧位置的槽口吻合。多用于变载的振动场合	
	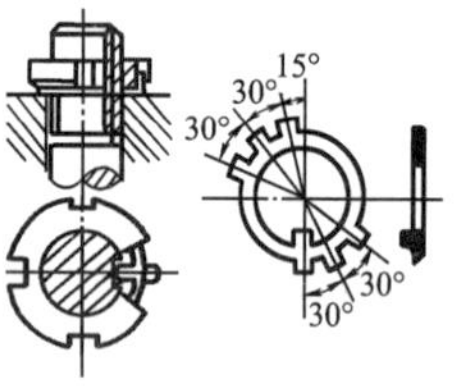 15° 30° 30° 30° 30°	装配时，先把垫圈的内翅插入螺杆槽中，然后拧紧螺母，再把外翅弯入螺母的外缺口内。用于受力不大的螺母防松	
	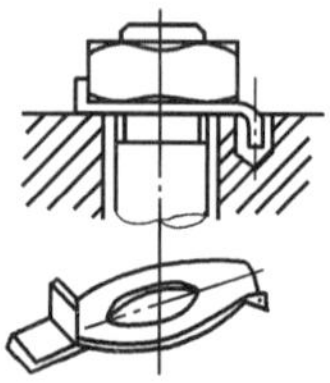	垫圈耳部分别与六角螺钉或螺母紧贴，防止回松。用于连接部分可容纳变弯耳的场合	
	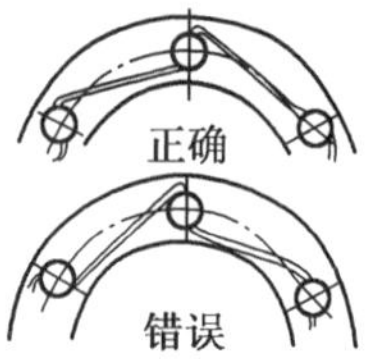 正确 错误	用钢丝穿过各螺钉或螺母头部的径向小孔，利用钢丝的牵制作用来防止回松。使用时应注意钢丝的穿绕方向。适用于布置较紧凑的成组螺纹连接	
破坏螺纹副运动关系防松	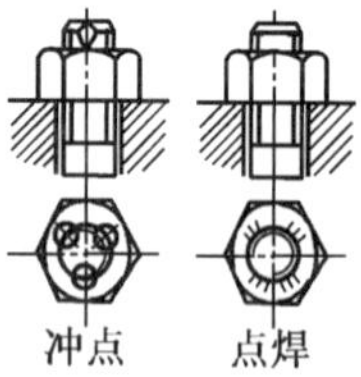 冲点 点焊	将螺钉或螺母拧紧后，在螺纹旋合处冲点或点焊。防松效果很好，用于不再拆卸的场合	
	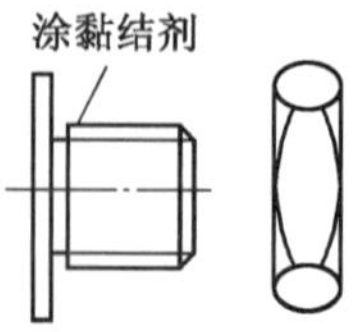 涂黏结剂	在螺纹旋合表面涂黏结剂，拧紧后，黏结剂自行固化，防松效果良好，且有密封作用，但不便拆卸	

2. 活动连接

连接件间能按一定的运动形式做相对运动的连接称为活动连接，如轴承（包括滑动轴承和滚动轴承）等。有了这种连接，机器才能产生动作，完成设定的功能。

（1）列举生活中常见的活动连接方式。写出自行车中的活动连接部位，并拍照贴在下面空白处（或另附页）。

（2）下图所示自行车中轴与五通采用轴承连接中的________连接方式。

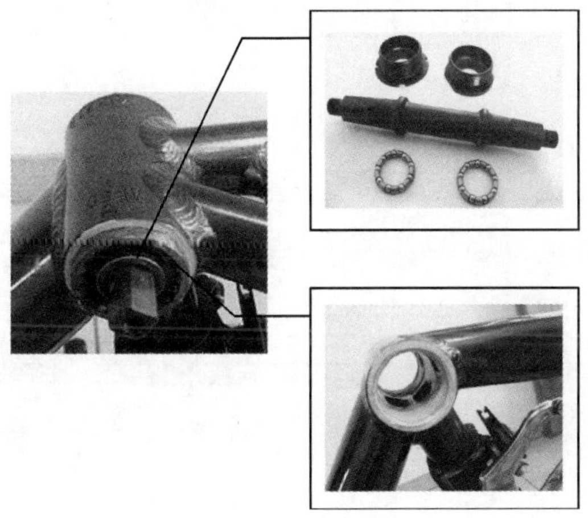

3. 柔性连接

柔性连接是指在传递运动过程中两零件相互的位置、角度等可以在一定的范围内变化而不影响传递效果的一种连接形式，最常见的就是弹簧连接。列出本任务中自行车的弹簧连接部位，并拍照贴在下面空白处（或另附页）。

三、选择拆装工具、量具和辅助用具

1. 列出拆装所需的工具、量具和辅助用具的名称。

类型	名称
工具	
量具	
辅助用具	

2. 在下表中列出首次使用的工具、量具和辅助用具的名称、规格、用途和使用方法。

名称	规格	用途	使用方法

续表

名称	规格	用途	使用方法

四、自行车及主要部件的拆卸保养

1．自行车整车拆卸与保养

根据下表中自行车整车拆卸与保养的操作步骤及图例，完成自行车整车的拆卸保养，记录整车拆卸过程中的操作注意事项。拆卸保养过程中，正确放置拆卸下来的零部件，正确放置和使用工具、量具及辅助用具。拆卸保养完毕后，要整理工作现场，正确处置废弃物。

操作步骤	操作内容	图例
步骤 1：清洗车身	（1）用抹布蘸水淋到车身上，使粘在车上的污泥变软，再用抹布擦拭，去除污泥 思考：可否用高压水枪去冲洗自行车？为什么？ ______	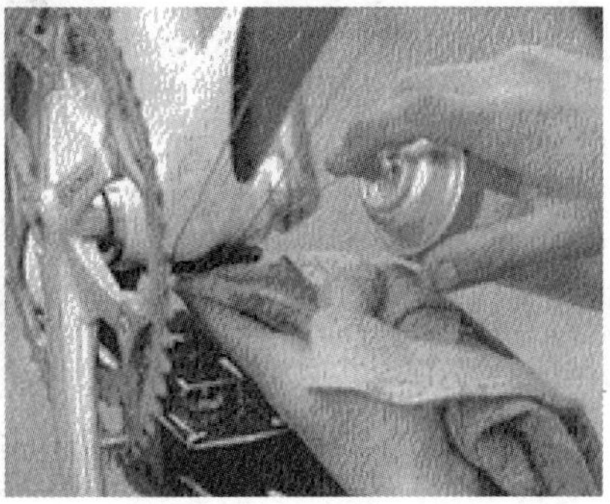
	（2）在抹布上倒少许清洁剂，将车身的脏物擦洗干净 思考：可否用洗衣粉等强效去污剂？为什么？ ______	

续表

操作步骤	操作内容	图例
步骤 2：拆卸、清洗链条	（1）测量自行车链条的伸长度（适用于定速自行车）。把链条拉伸测量器的针销插入链条的两个链节内，压紧摇臂，使测量器紧贴链条，通过测量器小孔读数，记录并判断链条伸长度是否超限，当链条产生过度拉伸时，应及时更换 ______________________________	 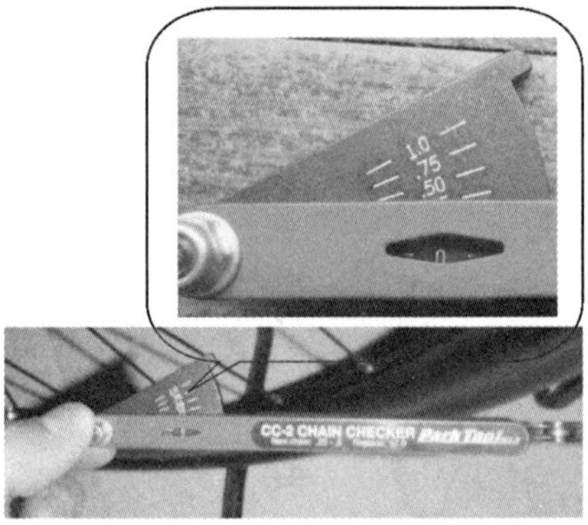
	（2）用截链器拆卸链条。拆卸时，一只手紧紧握住横杆，把链条卡在截链器定位齿之间，然后把截链器下边的螺钉拧紧，把上边的顶杆对准链条的连接销子，用另一只手缓慢转动顶杆即可 思考：拆卸链条时，顶杆能否把销子完全顶掉？为什么？ ______________________________	
	（3）使用链条清洁剂清洗链条，然后把链条擦干净，并晾干	

续表

<table>
<tr><th>操作步骤</th><th>操作内容</th><th>图例</th></tr>
<tr><td rowspan="4">步骤 3：拆卸、清洗和检测车轮</td><td>（1）将自行车倒置，放松车闸，把轮子快拆两边的螺钉拧松，轻拍一下轮子，卸下车轮
思考：如果自行车安装的是油压碟刹，能否直接倒立自行车？应该怎么操作？
________________</td><td></td></tr>
<tr><td>（2）清洗轮组，用刷子蘸清洁剂刷外胎上的泥沙。在清洗轮圈时，最好换成蘸上清洁剂的抹布，仔细擦拭轮圈上闸皮摩擦过的地方，然后简单擦拭辐条</td><td></td></tr>
<tr><td>（3）使用辐条张力计测量检查前后轮辐条的张力，并记录
____
查阅参考资料，确定自行车辐条张力的标准值并记录
____
测得的辐条张力是否合适？
____
若不合适，使用辐条扳手调整辐条的松紧
注意：辐条扳手逆时针旋转为拧紧，顺时针旋转为松开</td><td>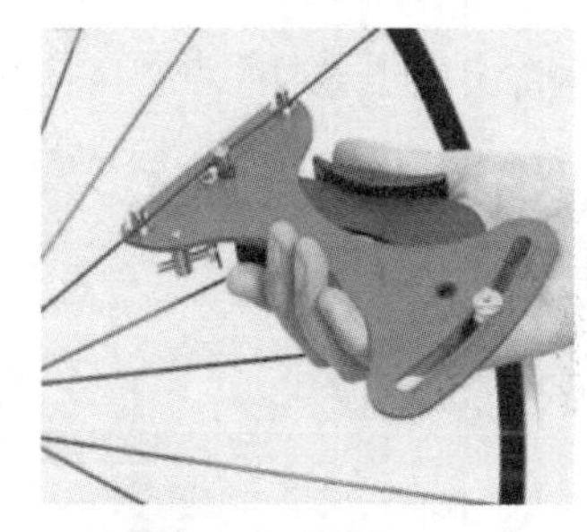
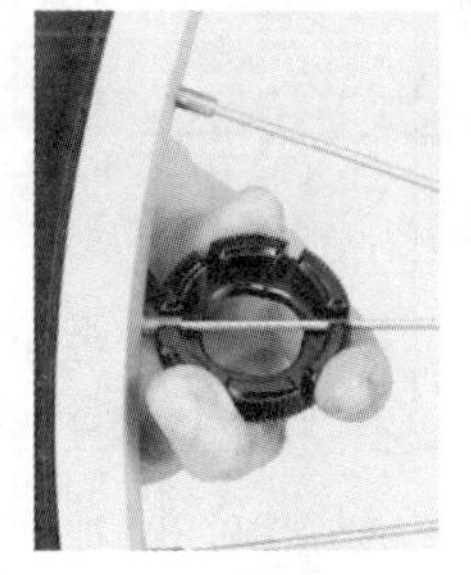</td></tr>
<tr><td>（4）使用正心弓检测轮毂的圆度，并记录
________________</td><td></td></tr>
</table>

续表

操作步骤	操作内容	图例
步骤4：拆卸及清洗飞轮	（1）将飞轮盖工具装在飞轮盖上，使花键和凹槽对齐	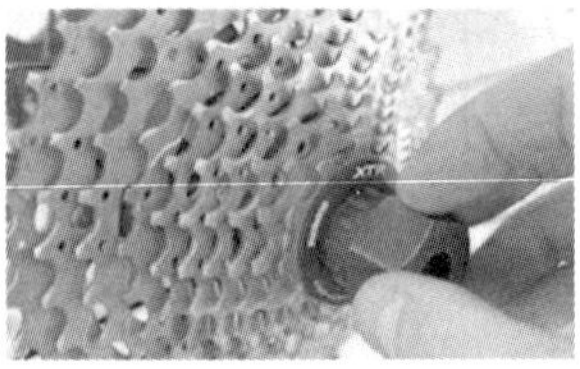
	（2）安装飞轮固定扳手，使其完全与飞轮片咬合。飞轮固定扳手的作用是，旋松飞轮盖时，防止飞轮/塔基转动	
	（3）用通用扳手逆时针旋拧飞轮盖工具，同时反向施力于飞轮固定扳手，旋松飞轮盖。旋下飞轮盖，从塔基上取下飞轮片	
	（4）清洗飞轮。飞轮是自行车中较脏的部件。用抹布蘸上清洁剂仔细将飞轮擦拭干净，然后用水冲净，再在通风处晾干	 

续表

操作步骤	操作内容	图例
步骤5：拆卸曲柄和曲柄链轮	（1）用内六角扳手将曲柄链轮和另一侧曲柄的螺钉拧下	
	（2）将曲柄链轮拆卸工具上有螺纹的一头旋进曲柄里，然后用通用扳手将其拧到底。转动螺钉，拆下曲柄链轮	 
	（3）用蘸上清洁剂的抹布擦拭曲柄链轮的每一个齿，然后用水冲净	

续表

操作步骤	操作内容	图例
步骤6：拆卸拨链器	（1）用内六角扳手拆卸后拨链器上的变速线	
	（2）用内六角扳手拆卸后拨链器	
	（3）拆卸前拨链器。方法同上，先拆卸前拨链器的变速线，然后拆卸前拨链器	
步骤7：拆卸前、后车闸部件	（1）拆卸前、后车闸的刹车线	

续表

操作步骤	操作内容	图例
步骤7：拆卸前、后车闸部件	（2）拆卸前、后钳形闸 注意：由于山地车的前、后闸有差异，因此前、后闸放置要分开，不要弄混	
	（3）用抹布蘸清洁剂擦拭钳形闸的连接杆，并涂上黄油	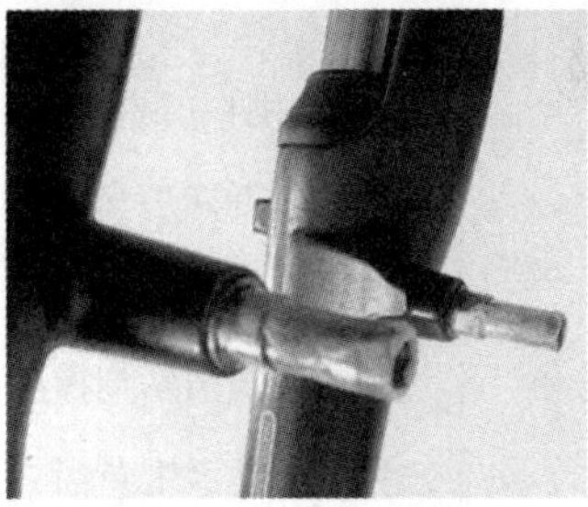
步骤8：拆卸前叉与前叉合件	（1）拆下前叉与车把连接部分的上盖	
	（2）拆下前叉套管外连接的龙头	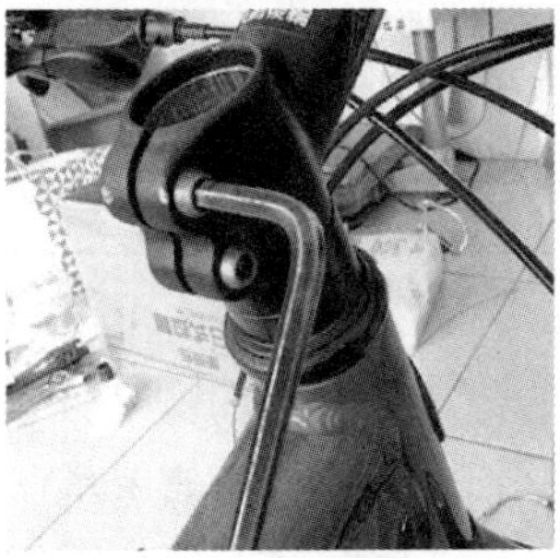

续表

操作步骤	操作内容	图例
步骤8：拆卸前叉与前叉合件	（3）用木锤敲击前叉套管	
	（4）用抹布蘸清洁剂擦拭前叉套管及碗组 注意：拆卸后套管上的零件要按顺序套在套管上，以免顺序颠倒，不利于后续安装 用抹布蘸清洁剂擦拭前叉合件安装轴承的连接处，并涂上黄油	 擦拭前 　擦拭后 
步骤9：整车拆卸完毕	整车拆卸成主要部件，按顺序放置	

2．自行车主要部件的拆装

根据下表中自行车主要部件拆装的操作步骤及图例，完成自行车主要部件的拆装，记录主要部件拆卸和分解过程中的操作注意事项。

（1）拨链器拆装

操作步骤	操作内容	图例
步骤 1：拆卸、保养导轮	（1）用内六角扳手拆卸上导轮	
	（2）用内六角扳手拆卸下导轮	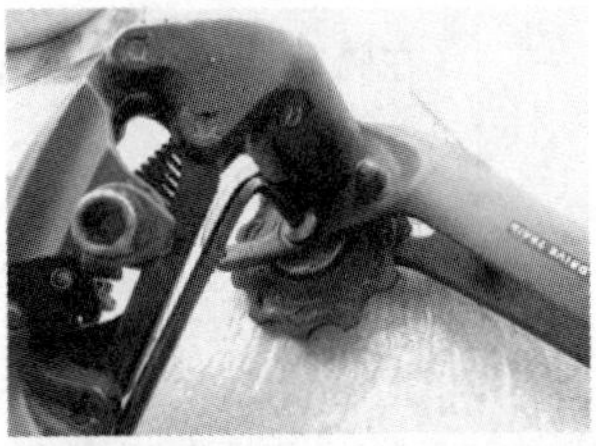
	（3）用清洁剂清洗拨链器的零件，晾干。然后给导轮和导轮轴涂上黄油	 
步骤 2：装配	按照与拆卸拨链器相反的顺序重新装配	

（2）中轴拆装

操作步骤	操作内容	图例
步骤 1：拆卸中轴并分解	（1）在内六角扳手上套上中轴拆装工具，将牙槽对准中轴	

续表

操作步骤	操作内容	图例
步骤 1：拆卸中轴并分解	（2）松开并拆卸中轴左侧螺母	
	（3）拆卸右侧螺母，取出中轴 思考：拆中轴时，要先拆左侧，再拆右侧（在骑行状态下，曲柄链轮位于中轴的右侧），为什么？ ____________________	
	（4）用抹布蘸上清洁剂，擦拭安装中轴的五通孔，并涂上适量黄油	
	（5）分解中轴。检查中轴配件，特别是轴承。如果轴承磨损严重，应更换新轴承 用抹布蘸清洁剂擦拭中轴配件，涂上黄油，重新组装中轴	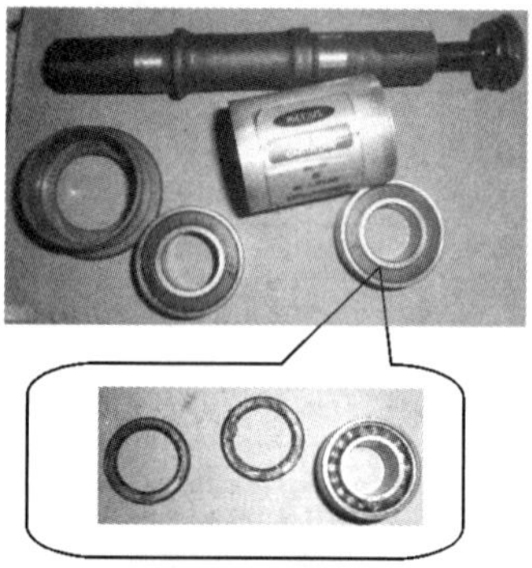
步骤 2：装配中轴	先将左侧中轴挡圈装入曲柄链轮一侧，接着装入中轴，然后将另一侧中轴挡圈装入 按顺序锁紧中轴两侧，完成中轴装配	 

（3）前轮轮轴拆装

操作步骤	操作内容	图例
步骤1：拆卸前轮轮轴	（1）拆下花毂的防尘套	 拆防尘套前 　拆防尘套后
	（2）用通用扳手和呆扳手旋松并拆下紧固螺母	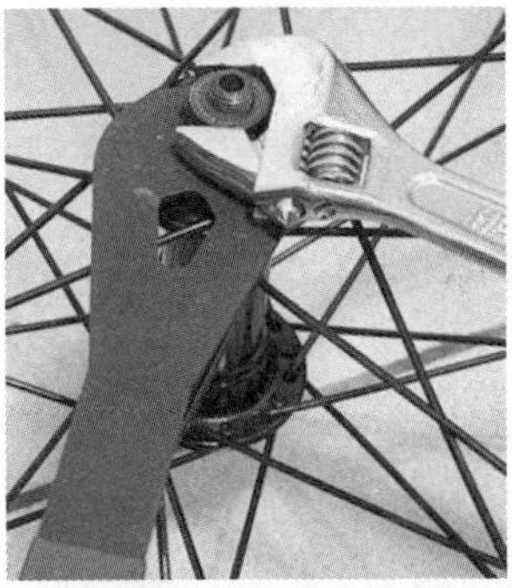
	（3）拆卸定位螺母，露出里面的轮轴	 拆卸前 　拆卸后
	（4）拆下轴挡，取出轮轴和钢珠，用抹布蘸清洁剂擦拭前轴及配件，检查前轴。如果前轴磨损严重，应更换	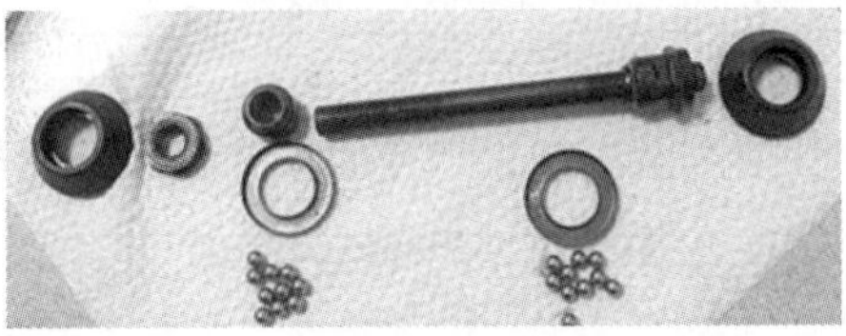
步骤2：装配前轮轮轴	（1）用抹布蘸清洁剂擦拭干净前轮上的花毂，然后涂上黄油	 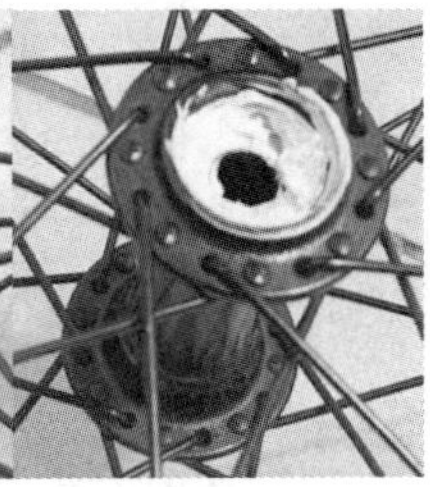

续表

操作步骤	操作内容	图例
步骤2：装配前轮轮轴	（2）检查滚珠，如果滚珠磨损严重，应更换，将滚珠顺序排列，装入前轮花毂，安装轴挡	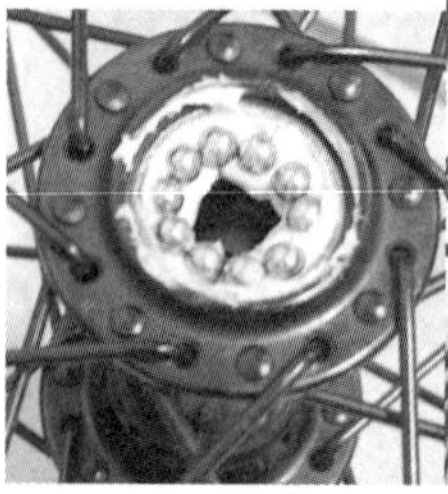 
	（3）按照与拆卸前轮轮轴相反的顺序装配 1）装入前轴，安装并拧紧滚珠轴承定位螺母 2）预留合适的间隙，安装并拧紧紧固螺母，并安装防尘套	 安装定位螺母 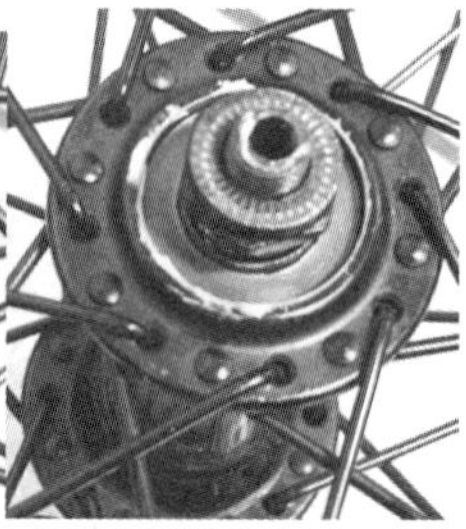 安装紧固螺母  安装防尘套

（4）后轮轮轴（带内变速机构）拆装

操作步骤	操作内容	图例
步骤1：拆卸后轮轮轴	（1）拆卸橡胶防水盖	

续表

操作步骤	操作内容	图例
步骤 1：拆卸后轮轮轴	（2）用________旋松并拆卸非传动侧（即后轮上________的一侧）紧固螺母，拆卸后轮花毂__________螺母	
	（3）顺序拆卸后轮轮轴、______侧花毂中滚动轴承	 
步骤 2：分解后轮轮轴	（1）固定______，用通用扳手旋松并拆卸__________	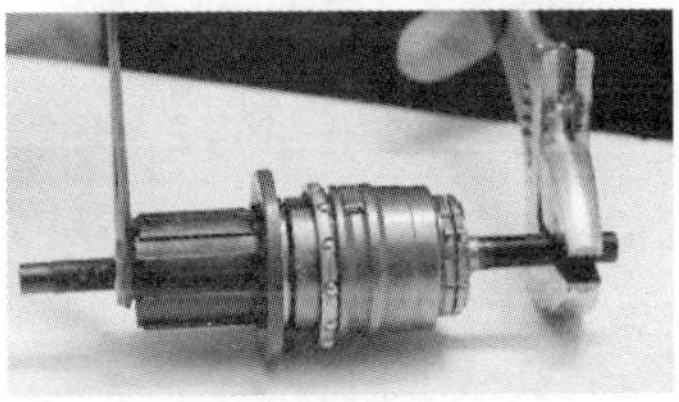
	（2）再拆卸______定位螺母、飞轮座及变速机构______	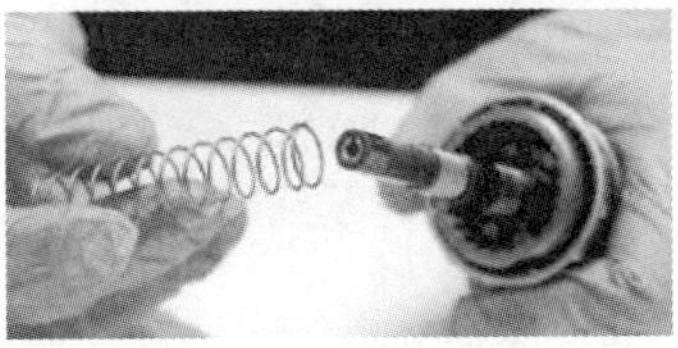
	（3）顺序拆卸传动侧配件，包括______、1 挡动力输入齿圈、________、2 挡动力输入棘轮座及______	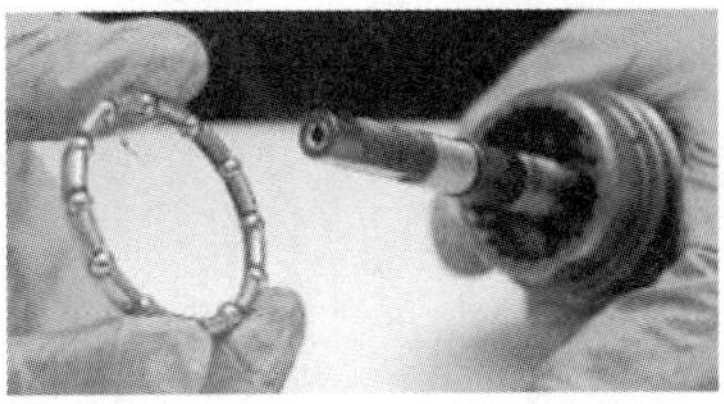

续表

操作步骤	操作内容	图例

步骤 2：分解后轮轮轴	（4）传动侧零件拆卸完毕	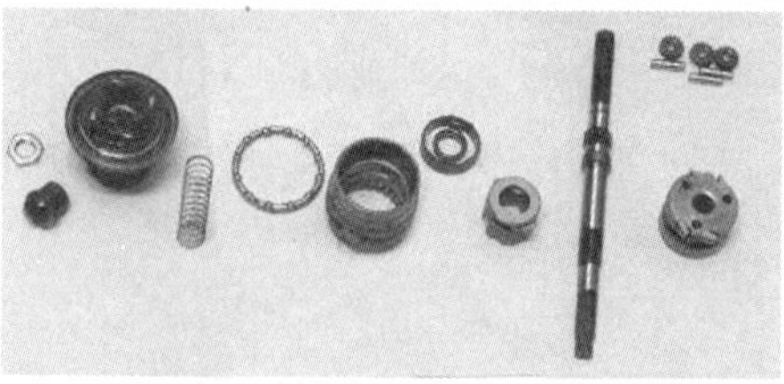 传动侧零件
	（5）顺序拆卸非传动侧配件，包括______形固定环、弹簧垫片、离合器及太阳轮轴心、______齿轮固定轴及______齿轮	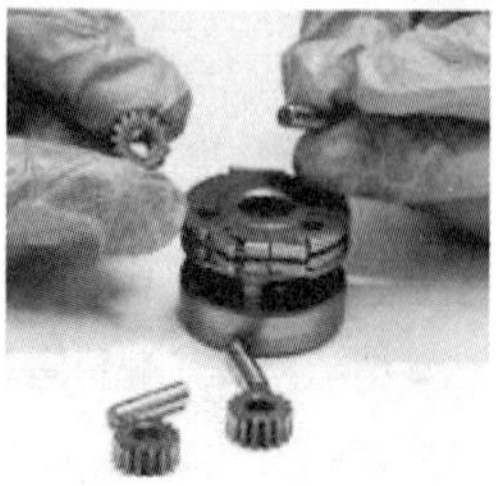

续表

操作步骤	操作内容	图例
步骤 2：分解后轮轮轴	（6）非传动侧零件拆卸完毕	非传动侧零件
	（7）用抹布蘸清洁剂擦拭后轮轮轴及配件，并涂抹润滑油	
步骤 3：组装后轮轮轴	按照与分解后轮轮轴相反的顺序，组装后轮轮轴	—
步骤 4：装配后轮轮轴	（1）用抹布蘸清洁剂擦拭后轮花毂，并涂上黄油 （2）按照与拆卸后轮轮轴相反的顺序，装配后轮轮轴	—

3. 能够旋转的零部件统称为转子，如自行车的飞轮。由于材质密度不均匀、形状对旋转中心不对称、加工或装配误差等原因，其径向各截面上将存在不平衡质量，旋转时导致旋转中心位置无法固定，引起机械振动，使设备工作精度降低，轴承等零件使用寿命缩短，噪声增大，严重时还会发生事故。因此，为了保证设备的运转质量，凡转速高或直径大的转子，即使几何形状完全对称，也常常要求在装配前进行平衡试验。查阅参考资料，叙述转子不平衡的种类及其校正平衡的方法。

学习活动 3　自行车整车装配与检测

学习目标

1. 能确定自行车整车装配顺序。

2. 能制订山地自行车整车装配工艺并完成整车装配。

3. 能查阅参考资料，确定自行车整车检验项目及要求，并正确使用检验工具进行外观检验和装配检验。

4. 能根据检验结果，分析自行车整车装配后出现问题的原因，提出相应的调整措施并实施。

5. 能正确填写自行车维护保养验收单。

建议学时：26 学时。

学习过程

一、确定自行车整车装配顺序

普通自行车装配的一般流程如下：

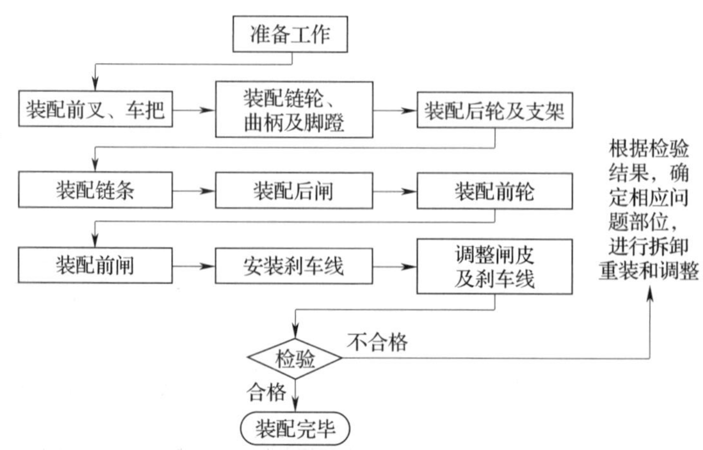

参照以上流程，确定本任务山地自行车的整车装配顺序。

二、制定自行车整车装配工艺并完成装配

按照确定的山地自行车整车装配顺序，制定山地自行车整车装配工艺，在下表中填写装配步骤、操作内容及检验方法。并参照与学习活动 2 的拆卸步骤相反顺序进行装配。

序号	装配步骤	操作内容	检验方法

续表

序号	装配步骤	操作内容	检验方法

三、完成自行车整车检测

1. 外观检验

自行车整车装配完毕后，首先用目测方法检验整车外观，在下表中填写检验要求和结果。

检验项目	检验标准	检验要求	检验结果
车辆零部件齐全程度	进入修理部时同一辆车的零部件齐全		
清洁度	整车各外露零部件的表面应清洁，无污渍、锈蚀		

2. 装配检验

查阅《自行车装配要求》（GB/T 3566—1993），根据下表中列出的自行车整车装配检验的项目，摘录各项目的检验要求。按照自行车装配要求，正确使用检验工具进行整车检验，并将检验结果记录在表中。

检验项目	检验要求	检验结果
前叉		
中轴		
脚蹬		
变速装置		
链条和链罩		
车闸		

3. 分析下表所列自行车整车装配后易出现的问题的原因，提出相应的调整措施并实施。

问题	原因	调整措施
骑行时车圈上下跳动		
前轮或后轮晃动		
前轮或后轮偏斜		

四、填写自行车维护保养验收单

自行车维护保养验收单

<table>
<tr><td>自行车名称</td><td></td><td>规格型号</td><td></td><td>维护保养项目</td><td></td></tr>
<tr><td>装配地点</td><td></td><td>装配日期</td><td></td><td>装配负责人</td><td></td></tr>
<tr><td>1. 维护保养项目及更换零部件</td><td colspan="5"></td></tr>
<tr><td rowspan="3">2. 装配后检验</td><td rowspan="2">（1）外观检验</td><td>零部件齐全程度</td><td colspan="3"></td></tr>
<tr><td>清洁度</td><td colspan="3"></td></tr>
<tr><td>（2）装配检验</td><td colspan="4"></td></tr>
<tr><td>行车检验结论</td><td colspan="5"></td></tr>
<tr><td>备注</td><td colspan="5"></td></tr>
<tr><td colspan="3">维修人员签名：
年　月　日</td><td colspan="3">验收人员签名：
年　月　日</td></tr>
</table>

学习活动 4　工作总结、成果展示、经验交流

学习目标

1. 能结合任务完成情况，正确规范撰写工作总结。

2. 能按分组情况，分别派代表展示工作成果，说明本次任务的完成情况，并作分析总结。

3. 能针对本次任务中出现的问题提出改进措施。

4. 能对学习与工作进行反思总结，并能与他人开展良好合作，进行有效的沟通。

建议学时：4 学时。

学习过程

一、工作总结

1. 在下表中列出自行车拆卸、检测与装调过程中存在的问题，并归纳其解决方法。

序号	问题	解决方法

续表

序号	问题	解决方法

2. 归纳在本任务中学到的专业知识和专业技能。

3. 写出你认为在本任务中完成最好的一项或几项内容。

二、展示评价

把个人的成果先进行分组展示，再由小组推荐代表作必要的介绍。在展示过程中，以小组为单位进行评价；评价完成后，根据其他组成员对本组展示成果的评价意见进行归纳总结，完成如下项目。

1. 展示的装配后自行车符合技术标准吗？

   合格□　　不合格□　　返修□

2. 与其他组相比，你认为本小组的自行车整车与部件拆卸、保养方法：

   合理□　　不合理□

3. 与其他组相比，你认为本小组的自行车部件检验方法：

   合理□　　不合理□

4. 与其他组相比，你认为本小组的自行车整车装配方法：

   合理□　　不合理□

5. 与其他组相比，你认为本小组的自行车整车检验方法：

   合理□　　不合理□

6. 本小组介绍成果表达是否清晰？

   很好□　　一般，常补充□　　不清晰□

7. 本小组演示自行车拆装与检测操作正确吗？

   正确□　　部分正确□　　不正确□

8. 本小组演示操作时遵循了“6S”的工作要求吗？

   符合工作要求□　　忽略了部分要求□　　完全没有遵循□

9. 本小组成员的团队创新精神如何？

   良好□　　一般□　　不足□

三、教师评价

1. 针对展示过程中各组的优点进行点评。
2. 针对展示过程中各组的缺点进行点评，提出改进方法。
3. 总结整个任务完成过程中出现的亮点和不足。

将本组的点评要点记录在下面。

评价与分析

任务评价表

班级：__________ 学生姓名：__________ 学号：________

<table>
<tr><th rowspan="3">项目</th><th colspan="3">自我评价</th><th colspan="3">组内评价</th><th colspan="3">教师评价</th></tr>
<tr><th>10 ~ 9</th><th>8 ~ 6</th><th>5 ~ 1</th><th>10 ~ 9</th><th>8 ~ 6</th><th>5 ~ 1</th><th>10 ~ 9</th><th>8 ~ 6</th><th>5 ~ 1</th></tr>
<tr><th colspan="3">占总评 10%</th><th colspan="3">占总评 30%</th><th colspan="3">占总评 60%</th></tr>
<tr><td>学习活动 1</td><td></td><td></td><td></td><td></td><td></td><td></td><td></td><td></td><td></td></tr>
<tr><td>学习活动 2</td><td></td><td></td><td></td><td></td><td></td><td></td><td></td><td></td><td></td></tr>
<tr><td>学习活动 3</td><td></td><td></td><td></td><td></td><td></td><td></td><td></td><td></td><td></td></tr>
<tr><td>学习活动 4</td><td></td><td></td><td></td><td></td><td></td><td></td><td></td><td></td><td></td></tr>
<tr><td>表达能力</td><td></td><td></td><td></td><td></td><td></td><td></td><td></td><td></td><td></td></tr>
<tr><td>协作精神</td><td></td><td></td><td></td><td></td><td></td><td></td><td></td><td></td><td></td></tr>
<tr><td>纪律观念</td><td></td><td></td><td></td><td></td><td></td><td></td><td></td><td></td><td></td></tr>
<tr><td>工作态度</td><td></td><td></td><td></td><td></td><td></td><td></td><td></td><td></td><td></td></tr>
<tr><td>安全文明生产</td><td></td><td></td><td></td><td></td><td></td><td></td><td></td><td></td><td></td></tr>
<tr><td>任务总体表现</td><td></td><td></td><td></td><td></td><td></td><td></td><td></td><td></td><td></td></tr>
<tr><td>小计</td><td colspan="3"></td><td colspan="3"></td><td colspan="3"></td></tr>
<tr><td>总评</td><td colspan="9"></td></tr>
</table>

学习任务二　车床主轴箱拆装与检测

学习目标

1. 能独立阅读机械设备维修保养任务单，明确保养内容和要求，制订合理的工作进度计划。

2. 能正确识读车床主轴箱装配图和传动系统图，掌握主轴箱的结构与原理。

3. 能查阅参考资料，正确叙述车床的三级保养制度，确定车床主轴箱的保养工作流程。

4. 能合理选择拆卸所需的工具和辅助用具，制定合理的拆卸工艺方案，并按要求完成 CA6140 型卧式车床主轴箱的拆卸。

5. 能根据相关规定，检测 CA6140 型卧式车床主轴箱主轴的精度，正确处理检测结果，并根据检测结果，分析精度超差的原因，提出精度调整的方法。

6. 能查阅参考资料，正确叙述固定连接的装配技术要求、传动机构的装配技术要求，掌握 CA6140 型卧式车床主轴箱主要部件装配的技术要求与调整方法。

7. 能按产品装配图的要求，编制 CA6140 型卧式车床主轴箱装配单元系统图，编写 CA6140 型卧式车床主轴箱装配工艺卡。

8. 能独立完成 CA6140 型卧式车床主轴箱的装配和调整，对 CA6140 型卧式车床主轴箱工作状态进行整体检测，根据检测结果分析不合格项目产生的原因，提出改进措施并实施调整。

9. 能按照“6S”管理规范，合理使用工具、量具和辅助用具，正确放置零件，整理工作现场，处置废弃物等。

10. 能主动获取有效信息，对学习与工作进行反思总结，并能与他人开展良好合作，进行有效的沟通。

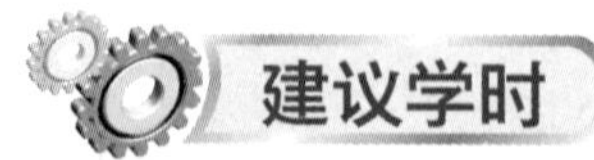

建议学时

160 学时。

工作情境描述

某机械厂购入 CA6140 型卧式车床，用于某车间生产。车间严格执行机床的三级保养制度，该车床投入生产满一年时间后，按要求应该对其进行二级保养。机修车间下发 CA6140 型卧式车床二级保养的生产任务，其中，将该机床主轴箱的二级保养工作交给本小组，要求在 160 学时内完成。具体保养要求见保养任务单。

工作流程与活动

1. 接受工作任务，制订工作计划（30 学时）
2. CA6140 型车床主轴箱拆卸（56 学时）
3. CA6140 型车床主轴精度检测（30 学时）
4. CA6140 型车床主轴箱装调与整体检测（40 学时）
5. 工作总结、成果展示、经验交流（4 学时）

学习活动1　接受工作任务，制订工作计划

学习目标

1. 能独立阅读机械设备维修保养任务单，明确保养内容和要求，制订合理的工作进度计划。

2. 能正确识读车床主轴箱装配图和传动系统图，掌握主轴箱的结构与原理。

3. 能查阅参考资料，正确叙述车床的三级保养制度，确定车床主轴箱的保养工作流程。

建议学时：30学时。

学习过程

一、领取任务单，明确工作任务

机械设备维修保养任务单

机属单位	机械编号	机械名称	型号规格	保养级别	保养日期	签发人	签发日期
		CA6140型卧式车床	CA6140×1000	二级保养			

<table>
<tr><td rowspan="5">主要保养内容</td><td rowspan="5">对CA6140型卧式车床主轴箱进行二级保养，主要保养要求如下：
1. 完成一级保养的全部工作，还要求清洗所有润滑部位，结合换油周期检查润滑油质，进行清洗换油</td><td>配件名称</td><td>规格</td><td>单位</td><td>数量</td><td>单价（元）</td><td>金额（元）</td></tr>
<tr><td></td><td></td><td></td><td></td><td></td><td></td></tr>
<tr><td></td><td></td><td></td><td></td><td></td><td></td></tr>
<tr><td></td><td></td><td></td><td></td><td></td><td></td></tr>
<tr><td></td><td></td><td></td><td></td><td></td><td></td></tr>
</table>

续表

主要保养内容	2. 检查主轴的动态技术状况与主要精度，调整机床安装水平，更换或修复零部件，调整摩擦片间隙及制动器，清洗或更换轴承等								
工种	工时	单价（元）	金额（元）						
				定额费用（元）			实支金额（元）		
说明	1. 本表复写一式三份，自存一份，顾客一份，另一份作为结算凭证转公司财务资产部 2. 配件材料不够时可另纸附后			保养人签字： 年 月 日			验收人签字： 年 月 日		

阅读维护保养任务单，复述本次维护保养任务的保养对象和内容要求。

二、制订工作进度计划

本任务安排160学时，依据任务要求，制订合理的工作进度计划，根据小组成员的特点进行分工。

序号	工作内容	完成时间	工作要求	组员及分工
1	阅读CA6140型卧式车床使用手册、主轴箱装配图，认知机床维护保养制度		了解该车床主轴箱的结构、保养要求等	

三、领取装配图，认知车床主轴箱结构与原理

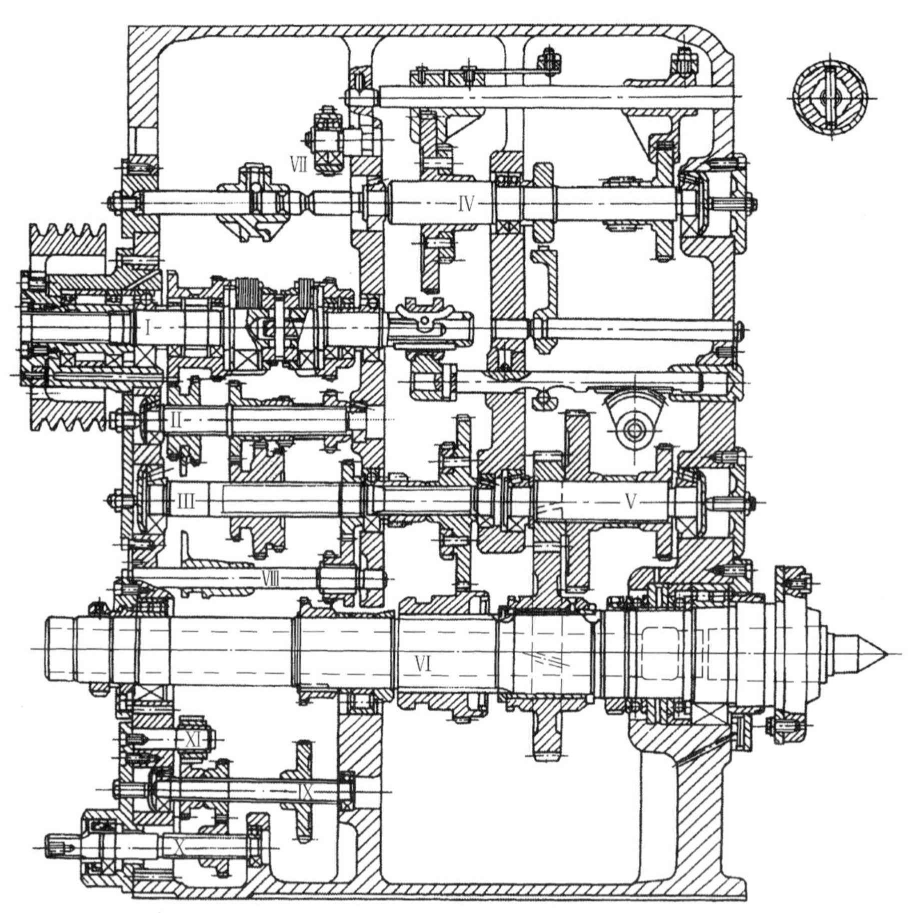

CA6140 型卧式车床主轴箱展开图

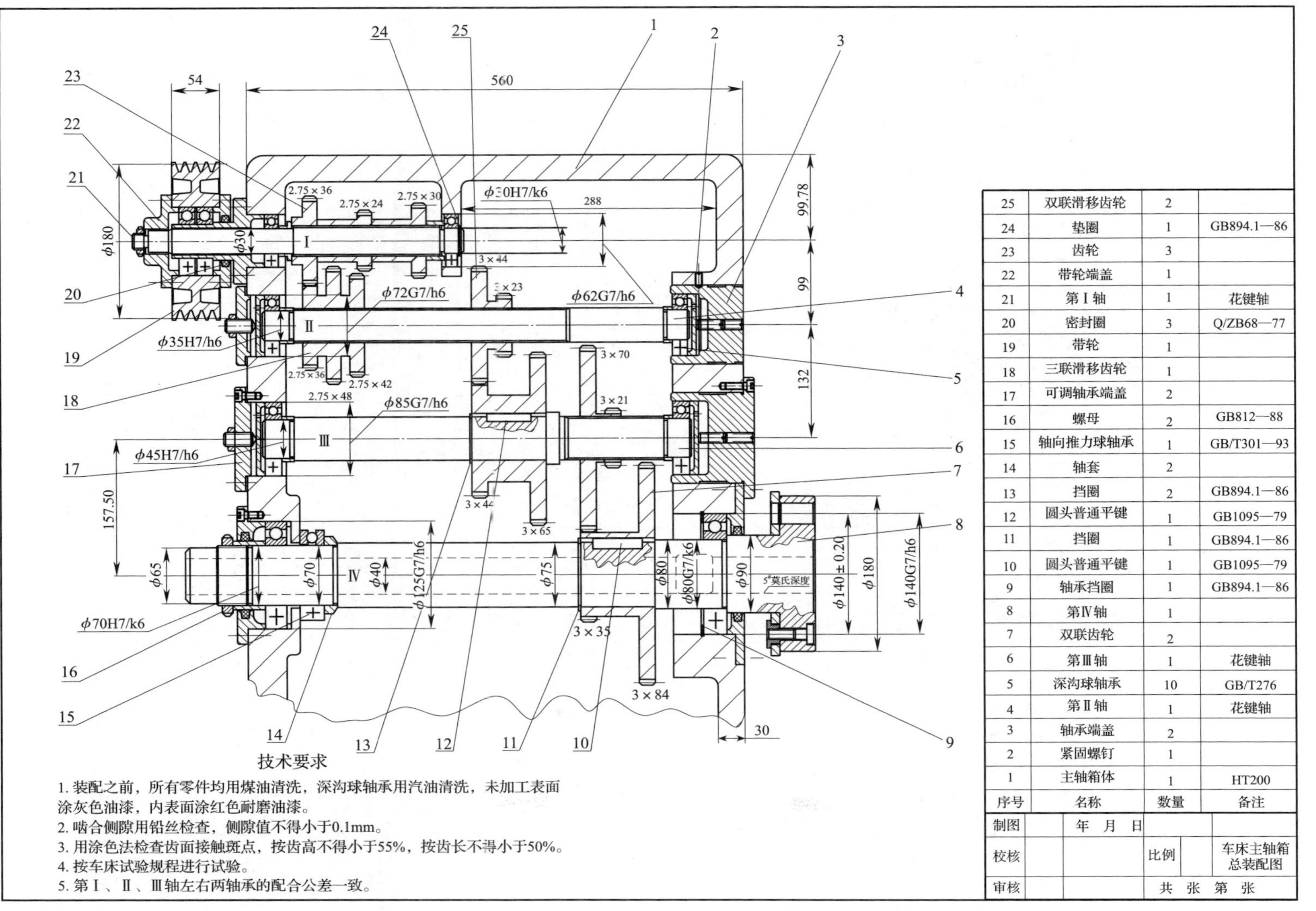

序号	名称	数量	备注
25	双联滑移齿轮	2	
24	垫圈	1	GB894.1—86
23	齿轮	3	
22	带轮端盖	1	
21	第Ⅰ轴	1	花键轴
20	密封圈	3	Q/ZB68—77
19	带轮	1	
18	三联滑移齿轮	1	
17	可调轴承端盖	2	
16	螺母	2	GB812—88
15	轴向推力球轴承	1	GB/T301—93
14	轴套	2	
13	挡圈	2	GB894.1—86
12	圆头普通平键	1	GB1095—79
11	挡圈	1	GB894.1—86
10	圆头普通平键	1	GB1095—79
9	轴承挡圈	1	GB894.1—86
8	第Ⅳ轴	1	
7	双联齿轮	2	
6	第Ⅲ轴	1	花键轴
5	深沟球轴承	10	GB/T276
4	第Ⅱ轴	1	花键轴
3	轴承端盖	2	
2	紧固螺钉	1	
1	主轴箱体	1	HT200

制图		年　月　日			
校核			比例		车床主轴箱总装配图
审核			共　张　第　张		

技术要求

1. 装配之前，所有零件均用煤油清洗，深沟球轴承用汽油清洗，未加工表面涂灰色油漆，内表面涂红色耐磨油漆。
2. 啮合侧隙用铅丝检查，侧隙值不得小于0.1mm。
3. 用涂色法检查齿面接触斑点，按齿高不得小于55%，按齿长不得小于50%。
4. 按车床试验规程进行试验。
5. 第Ⅰ、Ⅱ、Ⅲ轴左右两轴承的配合公差一致。

1. 主轴箱是车床的主要组成部件之一，如下图所示。查阅参考资料，叙述主轴箱的功能。

CA6140 型卧式车床主轴箱展开示意图

2. 叙述装配图的定义和作用。

3. 识读装配图的基本方法和步骤

(1) 查阅参考资料，叙述识读装配图的基本要求。

（2）查阅参考资料，在下表中填写识读装配图的方法和步骤的具体要求。

序号	步骤	要求
1	概括了解	
2	了解装配关系和工作原理	
3	分析零件，读懂零件结构形状	
4	分析尺寸，了解技术要求	

4．CA6140 型卧式车床主轴箱装配图识读

（1）列出 CA6140 型卧式车床主轴箱装配图包含的基本内容。

（2）识读装配图明细栏，写出该主轴箱零件的数量、标准件的数量。

（3）为清晰表达装配图，国家标准制定了装配图的规定画法和特殊画法。以下图所示主轴装配图为例，在图中横线空白处写出装配图的具体画法。

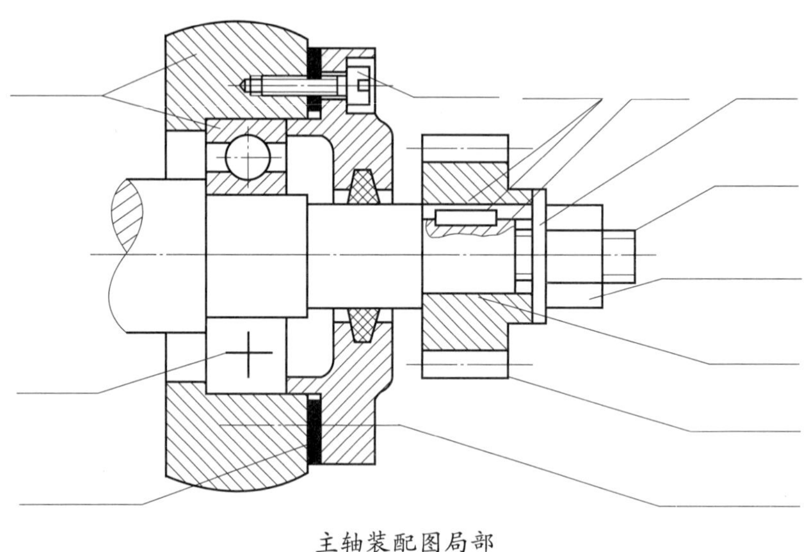

主轴装配图局部

（4）分析 CA6140 型卧式车床主轴箱装配图的表达方式，说明该主轴箱装配图采用了哪些规定画法和特殊画法。

（5）在装配图上标注尺寸与在零件图上标注尺寸不同，无须标注零件的全部尺寸，只需标注几种必要的尺寸。在下表中填写装配图中标注尺寸的名称及作用，并将 CA6140 型卧式车床主轴箱装配图中的对应尺寸填到“装配图尺寸”中。

尺寸名称	尺寸作用	装配图尺寸

（6）装配图的技术要求一般用文字注写在图样下方的空白处。技术要求因装配体的不同，其具体内容有很大不同，但技术要求一般应包括装配后必须保证的精度以及装配时的要求，装配过程中及装配后必须保证其精度的各种检验方法，对装配体的基本性能、维护、保养、使用时的要求三个方面。复述 CA6140 型卧式车床主轴箱装配图的技术要求。

5. CA6140 型卧式车床主轴箱传动系统分析

车床的主运动是以电动机为动力，通过一系列传动零件的传动联系，使主轴得到不同的转速，从电动机到主轴的这种传动联系称为传动链。传动系统图是表示机床各个传动链的综合简图。下图所示为 CA6140 型卧式车床主轴箱传动系统图。

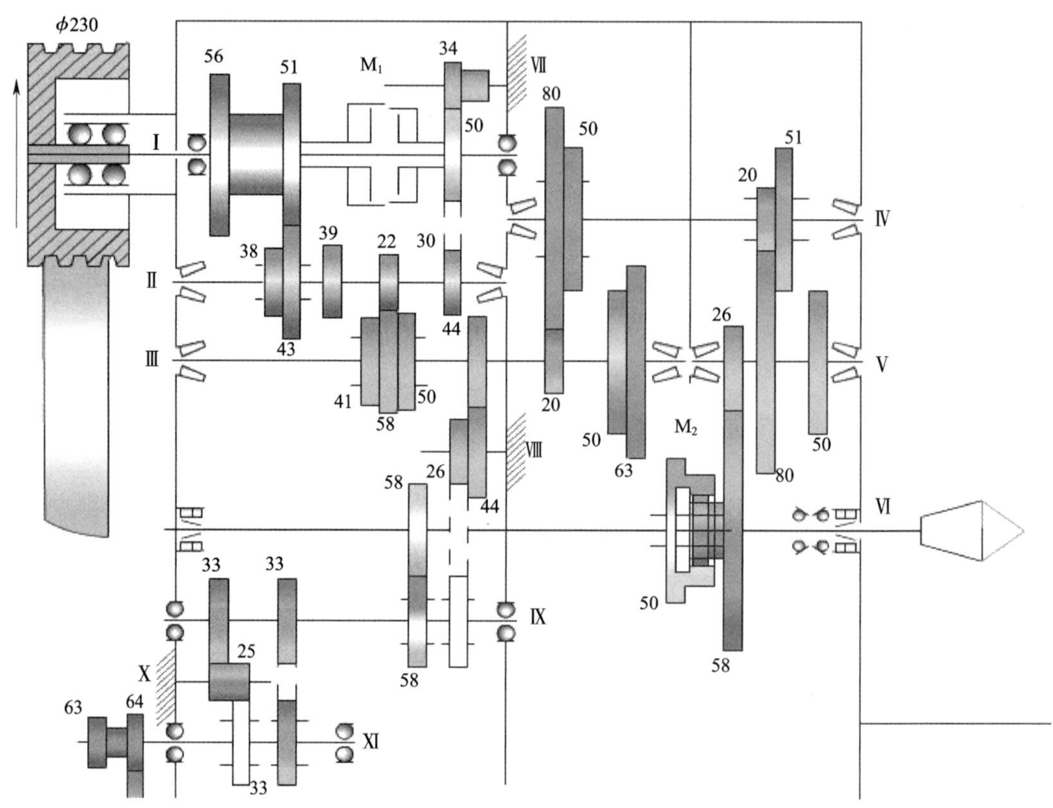

CA6140 型卧式车床主轴箱传动系统图

（1）结合主轴箱装配图和展开图，根据主轴箱传动系统图，确定主轴箱的主轴和传动轴。

（2）从主轴箱传动系统图和展开图中可以看出，大多数传动机构都是采用________传动。

（3）在齿轮传动中，为了获得较大的________，或将主动轴的______种转速变换为从动轴的______种转速，或需要改变从动轴的____________，而由一系列相互________的齿轮组成的传动系统称为轮系。

（4）按照轮系传动时各齿轮的轴线位置是否固定可分为定轴轮系、周转轮系、混合轮系。查阅参考资料，叙述三种轮系的特点，并绘制运动结构简图。

轮系分类	特点	运动结构简图

CA6140 型卧式车床主轴箱的传动系统属于________轮系。

（5）无论轮系有多复杂，都应从输入轴（首轮）至输出轴（末轮）的传动路线进行分析。CA6140 型卧式车床主轴箱传动链的首尾件是主电动机带轮和主轴。结合传动系统图，假设带轮以图中所示方向旋转，分析当前啮合状态下的传动路线，画出末级齿轮（主轴）的转动方向。

（6）在输入转速不变的条件下，使输出轴获得____________的不同转速的传动装置称为有级变速机构。有级变速机构可以分为________变速机构、________变速机构、______变速机构、________变速机构。

（7）查阅参考资料，叙述下图所示变速机构的工作原理和传动比计算公式，确定其传动路线，计算其传动比和输出轴转速。（设轴Ⅰ为输入轴，电动机转速 $n=1\ 450$ r/min。）

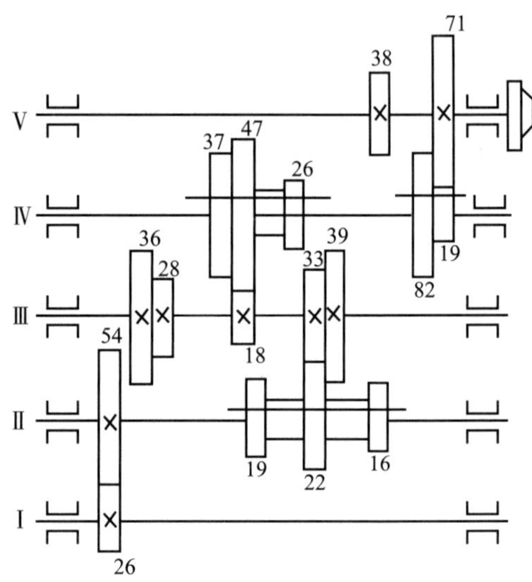

（8）分析 CA6140 型卧式车床主轴箱传动系统图，叙述其主轴正转、反转时的其他传动路线。

6. CA6140 型卧式车床主轴箱结构及其工作原理分析

为实现主轴箱功能，CA6140 型卧式车床主轴箱中通常包含主轴及其支承装置、传动机构、启动停止及换向装置、制动装置、操纵机构和润滑装置等。下面结合 CA6140 型卧式车床主轴箱展开图分析主轴箱主要部件的结构及其工作原理。

（1）CA6140 型卧式车床主轴是一个空心的台阶轴，如下图所示。查阅参考资料，叙述主轴的结构特点及用途。

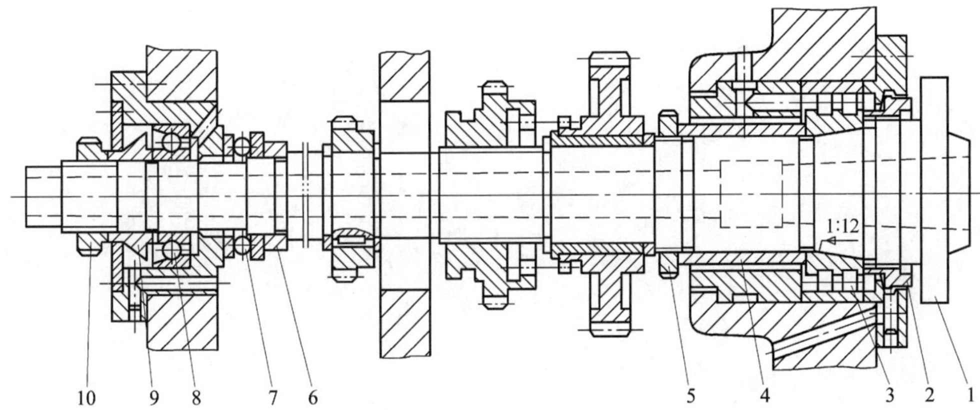

（2）查阅参考资料，写出上图中车床主轴各零件的名称，并叙述它们之间的装配关系。

1—________ 2—________

3—________ 4—________

5—________ 6—________

7—________ 8—________

9—________ 10—________

（3）主轴及其支承是主轴箱最重要的部分。查阅参考资料，叙述主轴的支承方式。主轴上采用哪些方式来限制零件的轴向移动？采用哪些方式来限制零件的周向移动？

（4）下图所示是主轴箱内的双向多片式摩擦离合器。查阅参考资料，填写多片式摩擦离合器的组成，说出其参与正传、反转时摩擦片数量的区别，叙述其作用和工作原理。

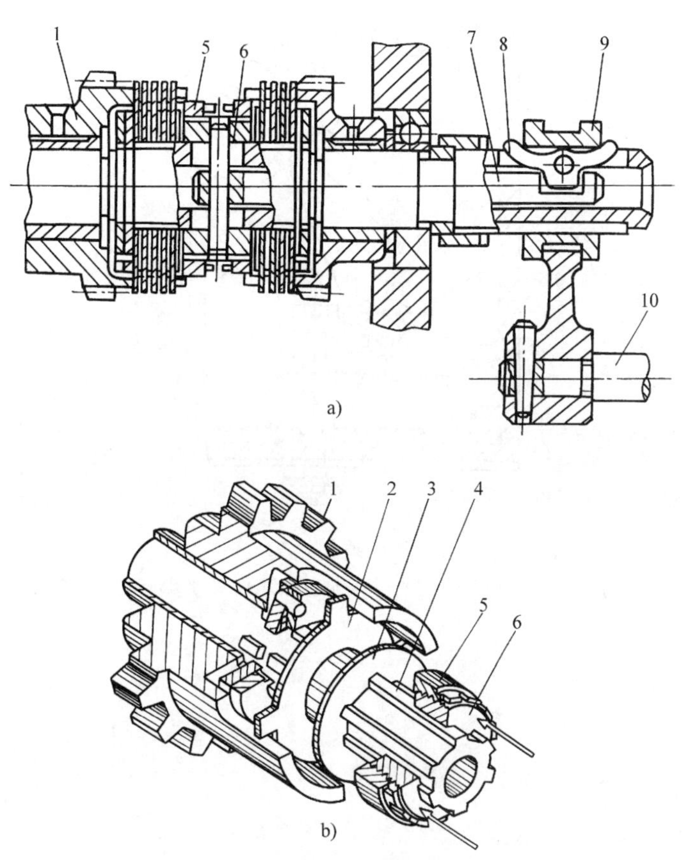

多片式摩擦离合器

1—________________　　2—________________

3—________________　　4—________________

5—________________　　6—________________

7—________________　　8—________________

9—________________　　10—________________

（5）下图所示是主轴箱内的闸带式制动器。查阅参考资料，叙述其作用和工作原理。

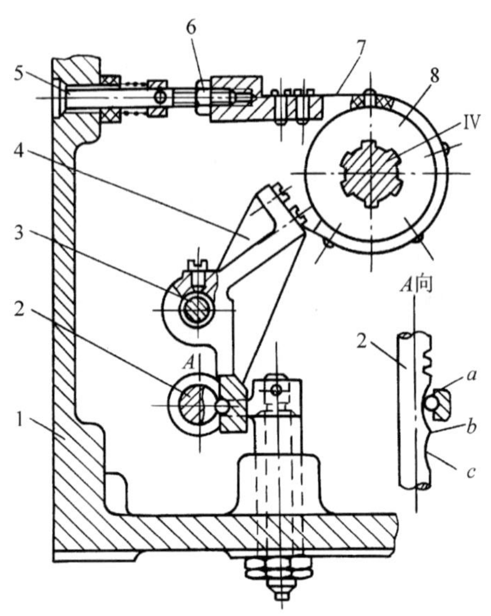

闸带式制动器

1—主轴箱体 2—齿条轴 3—轴 4—杠杆 5—调整螺钉 6—锁紧螺母 7—制动带 8—制动轮

（6）下图所示是主轴箱内的主轴开停及制动操纵结构。查阅参考资料，填写主轴开停及制动操纵结构的组成，叙述其作用和工作原理。

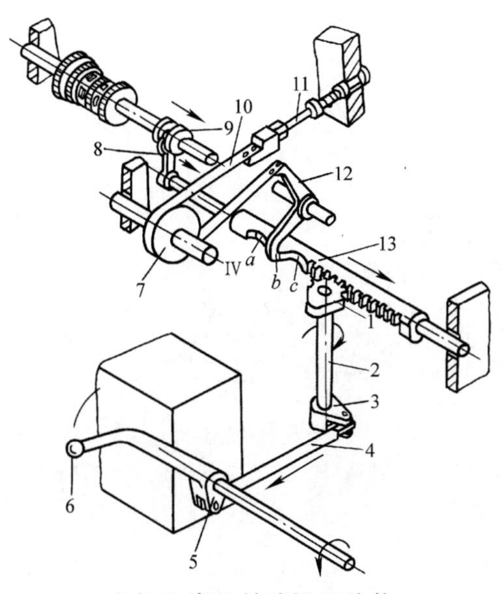

主轴开停及制动操纵结构

1—＿＿＿＿＿＿＿＿＿＿＿＿＿＿　2—＿＿＿＿＿＿＿＿＿＿＿＿＿＿

3—＿＿＿＿＿＿＿＿＿＿＿＿＿＿　4—＿＿＿＿＿＿＿＿＿＿＿＿＿＿

5—＿＿＿＿＿＿＿＿＿＿＿＿＿＿　6—＿＿＿＿＿＿＿＿＿＿＿＿＿＿

7—＿＿＿＿＿＿＿＿＿＿＿＿＿＿　8—＿＿＿＿＿＿＿＿＿＿＿＿＿＿

9—＿＿＿＿＿＿＿＿＿＿＿＿＿＿　10—＿＿＿＿＿＿＿＿＿＿＿＿＿＿

11—＿＿＿＿＿＿＿＿＿＿＿＿＿＿　12—＿＿＿＿＿＿＿＿＿＿＿＿＿＿

13—＿＿＿＿＿＿＿＿＿＿＿＿＿＿

（7）下图所示是主轴箱内的变速操纵结构。查阅参考资料，叙述其作用和工作原理。

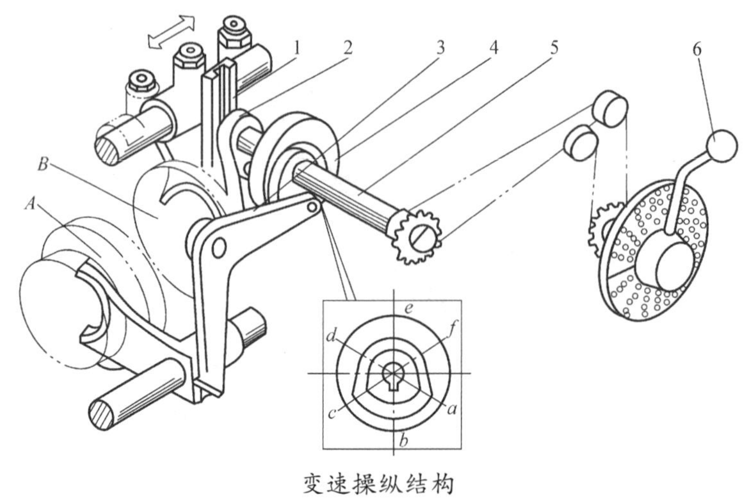

变速操纵结构

1—拨叉　2—曲柄　3—杠杆　4—凸轮　5—轴　6—手柄

（8）CA6140型卧式车床主轴箱通过带轮传递来自电动机的运动。主轴箱安装的是卸荷式带轮。查阅参考资料，叙述卸荷式带轮的结构特点和工作原理。

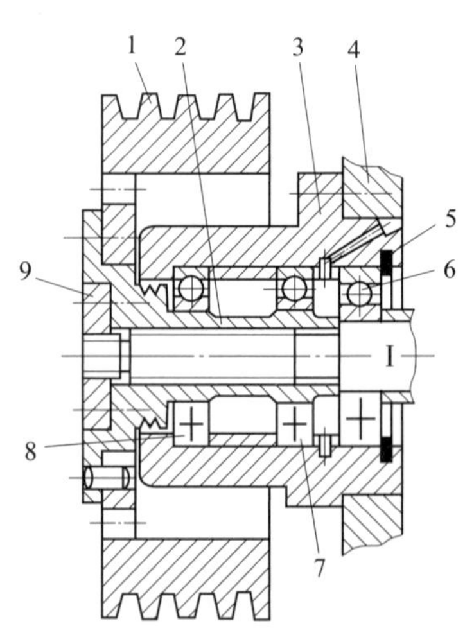

1—带轮　2—花键套　3—法兰　4—箱体

5—孔用挡圈　6、7、8—轴承　9—螺母

四、认知机床的维护保养制度

1．为了保证设备的加工精度，延长机器使用寿命，确保加工质量，提高生产效率，必须对设备进行合理的维护和保养。设备维护保养工作，依据工作量大小和难易程度，分为一级保养、二级保养和三级保养，所形成的维护保养制度称为“三级保养制”。查阅参考资料，在下表中分别写出车床三级保养的保养人员、保养周期、保养内容。

保养级别	保养人员	保养周期	保养内容
一级保养	车工为主、机修工配合	1 ~3 个月或 500 h	对车床的外露部件和易损部分进行检查、拆卸、清洗及一般精度的检查调整，例如摩擦离合器、制动器、开合螺母燕尾导轨楔铁间隙的检查调整等
二级保养			
三级保养			

2. 参照车床二级保养内容，确定 CA6140 型卧式车床主轴箱的保养内容及要求和保养工作流程。

步骤	保养部位	保养内容及要求

学习活动 2　CA6140 型车床主轴箱拆卸

学习目标

1. 能查阅参考资料，认知轴承和键连接。

2. 能查阅参考资料，正确叙述机床设备拆卸原则和方法。

3. 能合理选择拆装所需的工具和辅助用具。

4. 能按要求完成 CA6140 型车床主轴箱的拆卸，并记录拆卸操作注意事项。

5. 能按照“6S”管理规范，合理使用工具和辅助用具，正确放置拆卸零件，整理工作现场，处置废弃物。

建议学时：56 学时

学习过程

一、认知 CA6140 型车床主轴箱关键零件

1. 轴承

（1）在机器中，轴承的作用是____________________，并保持轴的________和____________。根据摩擦性质的不同，轴承分为两大类：__________和__________。CA6140 型卧式车床主轴箱中用于支承轴和轴上零件的轴承是多种类型的____________。

（2）查阅参考资料，填写下列图示的滚动轴承中各个组成的名称。

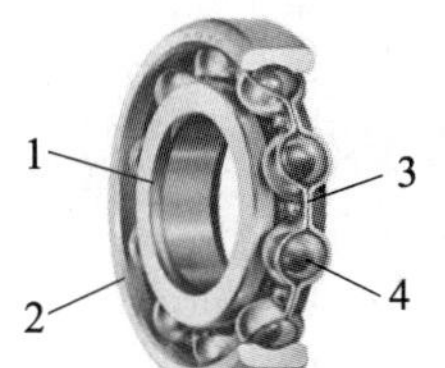

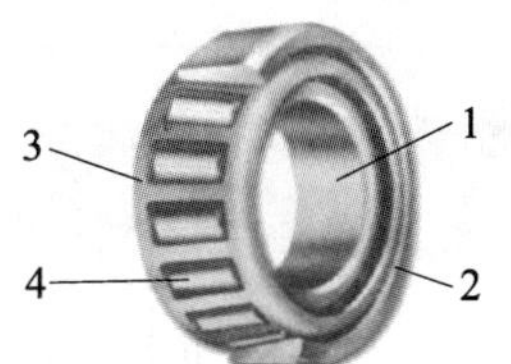

滚动轴承的结构

1—__________ 2—______________ 3—____________ 4—____________

（3）查阅参考资料，根据滚动轴承的结构图，在下表中填写常用滚动轴承的名称、类型代号，并在简图旁绘制其承载方向。

名称	类型代号	结构图	简图及承载方向	名称	类型代号	结构图	简图及承载方向
		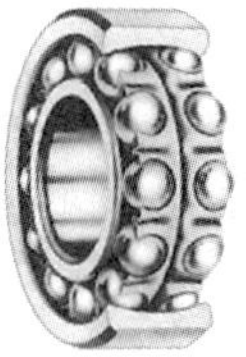	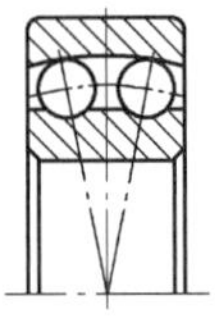				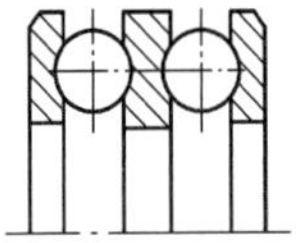
		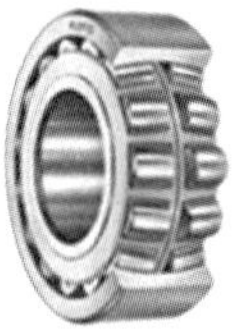	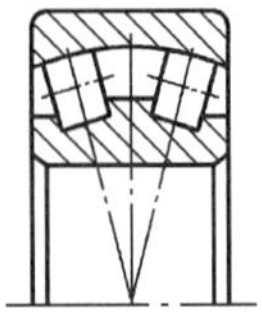			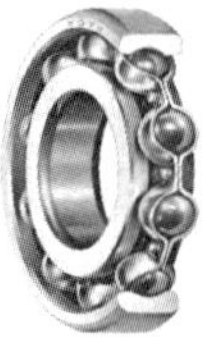	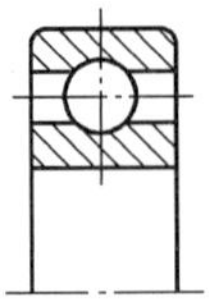
			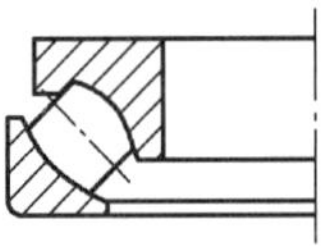				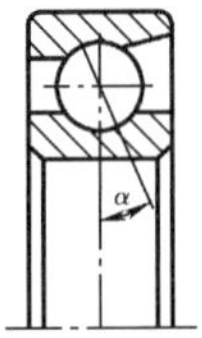 α
			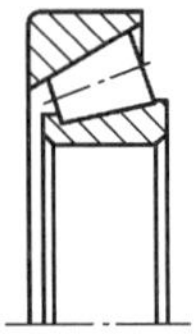				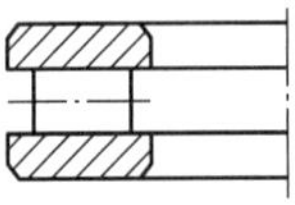
		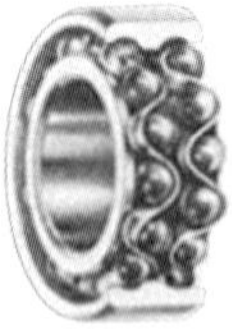	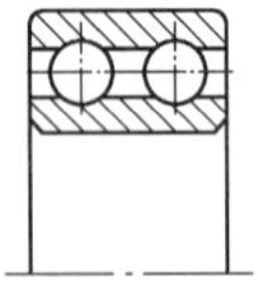				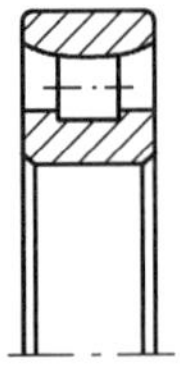
			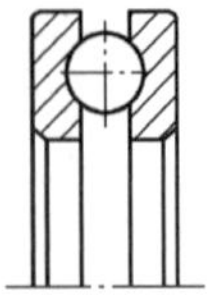				

2. 键

（1）为了把轮和轴装在一起而使其同时转动，通常是在_____和______的表面分别加工出键槽，然后把键放入_____的键槽内，再将带键的_____装入_____中，这种连接称为键连接。在 CA6140 型卧式车床主轴箱中，带轮、齿轮等轴上零件与轴连接在一起转动，它们采用的连接方式是__________。

（2）查阅资料，在下表中填写键连接的种类及应用。

<table>
<tr><th>分类</th><th colspan="3">种类</th><th>图示</th><th>应用</th></tr>
<tr><td rowspan="5">松键连接</td><td rowspan="5">平键连接</td><td rowspan="3">______
键连接</td><td>______头
（______型）</td><td></td><td></td></tr>
<tr><td>______头
（______型）</td><td></td><td></td></tr>
<tr><td>______头
（______型）</td><td></td><td></td></tr>
<tr><td colspan="2">______键连接</td><td>起键螺孔</td><td></td></tr>
<tr><td colspan="2">______键连接</td><td></td><td></td></tr>
</table>

续表

分类	种类	图示	应用
松键连接	______键连接	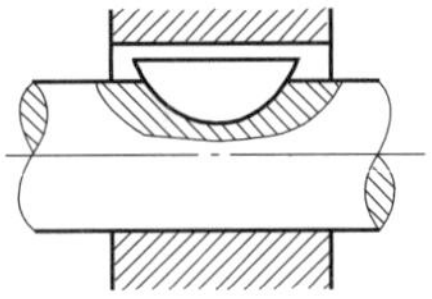	
	______键连接	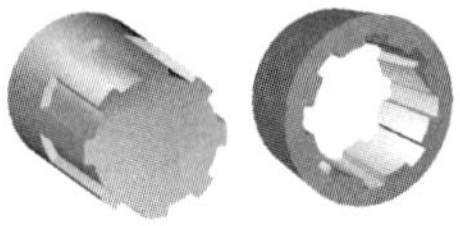	
紧键连接	______键连接	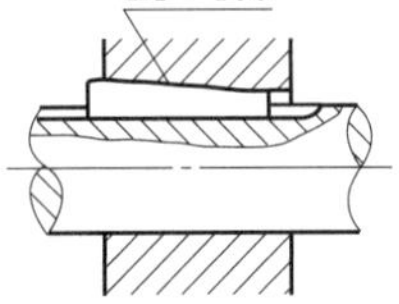 ∠1：100	
	______键连接	∠1：100	

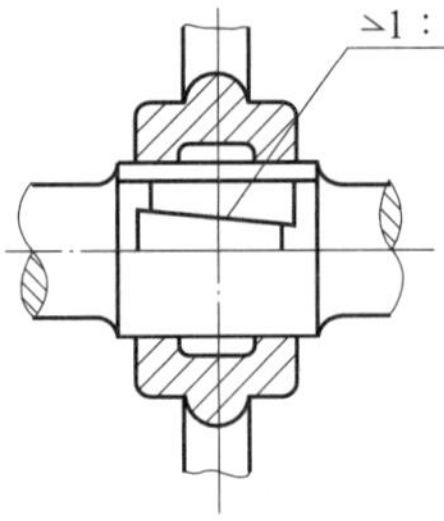

二、学习机床拆卸基础知识

1. 查阅参考资料，叙述机床设备拆卸的原则。

2. 列出机床零部件的拆卸方法。

三、选择拆装工具和辅助用具

1. 列出拆装所需的工具和辅助用具的名称。

类型	名称
工具	
辅助用具	

2. 在下表中列出首次使用的工具和辅助用具的名称、规格、用途和使用方法。

名称	规格	用途	使用方法

续表

名称	规格	用途	使用方法

四、完成CA6140型车床主轴箱拆卸

1. 学习机修车间操作规程和规章制度，在下面列出其中的拆卸操作注意事项。

2. 根据下表中 CA6140 型卧式车床主轴箱及主要部件的拆卸、保养过程，完成车床主轴箱及主要部件的拆卸。规范放置零件，并正确清洗主轴箱及其零部件。

<table>
<tr><th colspan="2">操作步骤</th><th>操作内容</th></tr>
<tr><td colspan="2">步骤 1：拆卸前准备</td><td>1）阅读 CA6140 型卧式车床使用说明书、主轴箱传动系统图和装配图
2）准备工具和辅助用具，并规范放置</td></tr>
<tr><td rowspan="6">步骤 2：拆卸主轴箱</td><td>（1）打开主轴箱</td><td>1）放完主轴箱中机油
2）松开带轮上固定螺母，拆下带轮
3）拆下主轴箱盖</td></tr>
<tr><td>（2）拆润滑机构和变速操纵机构</td><td>1）松开各油管螺母
2）拆下过滤器
3）拆下单向油泵
4）拆下变速操纵机构</td></tr>
<tr><td>（3）拆卸Ⅰ轴</td><td>1）放松正车摩擦片（减少压环元宝间摩擦）
2）松开箱体轴承座固定螺钉
3）装上紧定螺钉，用扳手拧紧紧定螺钉
4）取出Ⅰ轴和轴承座</td></tr>
<tr><td>（4）拆卸Ⅱ轴</td><td>1）先拆下压盖，后拆下轴上卡环
2）采用拔销器拆卸Ⅱ轴
3）取出Ⅱ轴零件与齿轮</td></tr>
<tr><td>（5）拆卸Ⅳ轴的拨叉轴</td><td>1）松开拨叉固定螺母
2）用拔销器拔出定位销子
3）松开轴上固定螺钉
4）采用铜棒敲出拨叉轴
5）将拨叉和各零件拿出</td></tr>
<tr><td>（6）拆卸Ⅳ轴</td><td>1）松开制动钢带
2）松开Ⅳ轴位于压盖上螺钉，卸下调整螺母
3）用拔销器拔出前盖，再拆下后端端盖</td></tr>
</table>

续表

<table>
<tr><th colspan="2">操作步骤</th><th>操作内容</th></tr>
<tr><td rowspan="8">步骤 2：拆卸主轴箱</td><td>（6）拆卸Ⅳ轴</td><td>4）拆卸Ⅳ轴左端拔叉机构紧固螺母，取出螺孔中的定位钢珠和弹簧
5）用机械法垫上铜棒将拨叉轴和拨叉、轴承卸下（将零件套好放置）
6）用卡环钳松开两端卡环
7）用机械法拆下Ⅳ轴，将各零件放置油槽中</td></tr>
<tr><td>（7）拆卸Ⅲ轴</td><td>采用拔销器直接取出Ⅲ轴，再取出各零件</td></tr>
<tr><td>（8）拆卸主轴（Ⅵ轴）</td><td>1）拆下后盖，松下紧定螺钉，拆下后螺母
2）拆下前法兰盘
3）在主轴前端装入拉力器，将轴上卡环取出后将主轴取出放入油槽中</td></tr>
<tr><td>（9）拆卸Ⅴ轴</td><td>1）拆下Ⅴ轴前端盖，再取出油盖
2）采用机械法垫上铜棒将Ⅴ轴从前端拆出
3）将Ⅴ轴各零件放入油槽中</td></tr>
<tr><td>（10）拆卸正常螺距机构</td><td>1）用销子冲拆下手柄上销子，取下前手柄
2）用旋具拆下后手柄紧定螺钉，再拆下后手柄
3）取出箱体中的拨叉</td></tr>
<tr><td>（11）拆卸增大螺距机构</td><td>1）用销子冲拆下手柄上销子，然后拆下手柄
2）机械法拆出手柄轴
3）抽出轴和拨叉并套好放置</td></tr>
<tr><td>（12）拆卸主轴变速机构</td><td>1）拆下变速手柄冲子，用旋具松开紧定螺钉，拆下手柄
2）卸下变速盘上螺钉，拆下变速盘
3）拆下螺钉，取出压板，卸下顶端齿轮，套好零件放置</td></tr>
<tr><td>（13）拆卸Ⅶ轴</td><td>1）将Ⅶ轴上各齿轮拆下
2）用内六角扳手卸下固定螺钉，取下挂轮箱
3）拧松Ⅶ轴紧固螺钉
4）采用机械法垫上铜棒将Ⅶ轴取出
5）将Ⅶ轴及各齿轮放置在一起</td></tr>
</table>

续表

<table>
<tr><th colspan="2">操作步骤</th><th>操作内容</th></tr>
<tr><td rowspan="3">步骤 2：拆卸主轴箱</td><td>（14）拆卸轴承外环</td><td>1）拆下主轴后轴承，拧下螺钉，取下法兰盘和后轴承
2）依次取出各轴承外环
注意：不要损伤各轴承孔</td></tr>
<tr><td>（15）分解Ⅰ轴</td><td>1）将Ⅰ轴竖直放在木板上，利用惯性拆下尾座与轴承
2）用销子冲拆下元宝键上销子，取出元宝键和轴套
3）再用惯性法拆下另一端轴承，退出反车离合器、齿轮套、摩擦片
4）拆除花键一端轴套、双联齿轮套、锁片和正车摩擦片
5）松开正反车调整螺母，用销子冲冲出销子取出拉杆，竖起轴用铜棒将滑套和调整螺母取下
注意：要将各零件分组摆放整齐，较小零件妥善保管避免丢失</td></tr>
<tr><td>（16）拆下主轴箱中其他零件</td><td>1）拆下主轴拨叉和拨叉轴
2）拆下刹车带
3）拆下扇形齿轮
4）拆下轴前定位片和定位套
5）拆下离合器拨叉轴，拆下正反车变向齿轮</td></tr>
<tr><td colspan="2">步骤 3：清洗主轴箱零件</td><td>1）粗洗各零件（使用毛刷和抹布彻底擦洗）
2）精洗各零件
3）用煤油清洗主轴箱各部位
注意：将各轴单独清洗，避免零件混乱</td></tr>
</table>

3. 在拆卸车床主轴箱的过程中，记录并绘制主轴箱的装配示意图。

4. 记录拆卸主轴的操作注意事项。

5．记录拆卸轴承的操作注意事项。

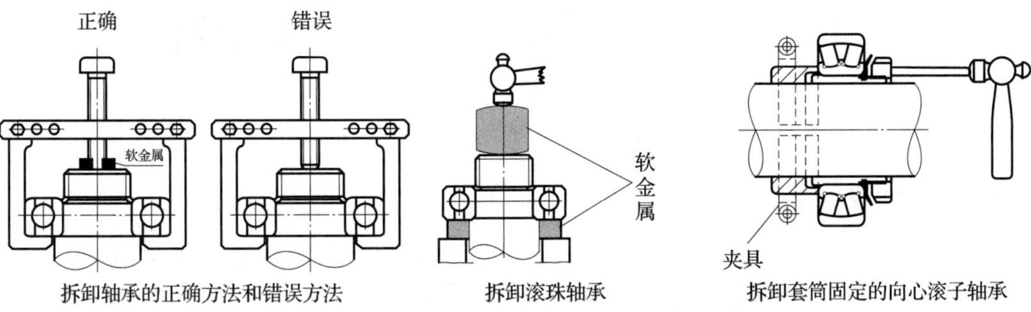

拆卸轴承的正确方法和错误方法　拆卸滚珠轴承　拆卸套筒固定的向心滚子轴承

6．记录拆卸键连接的操作注意事项。

学习活动3　CA6140型车床主轴精度检测

学习目标

1. 能查阅参考资料，正确叙述零部件测绘的目的和方法、步骤，认知常用测绘量具。

2. 能完成CA6140型卧式车床主轴箱主轴的测绘。

3. 能正确选择检测主轴箱主轴所需的工具和量具。

4. 能根据相关规定，检测CA6140型卧式车床主轴箱主轴的精度，正确处理检测结果，并根据检测结果分析精度超差的原因，提出精度调整的方法。

建议学时：30学时。

学习过程

一、测绘CA6140型车床主轴

1. 根据已有的机器、部件或零件进行分析、拆卸、测量，并绘制出装配图和零件图的全过程，称为零部件测绘。查阅参考资料，叙述测绘的目的。

2．查阅参考资料，叙述零部件测绘的方法和步骤。

3．查阅参考资料，在下表中填写常用测绘量具的名称、规格、精度、用途及使用方法。

名称	图示	规格	精度	用途	使用方法

	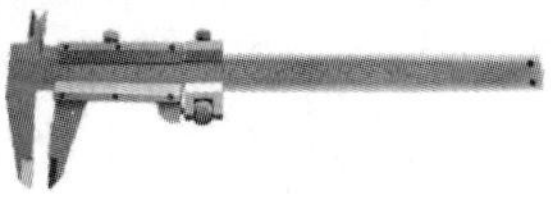				
	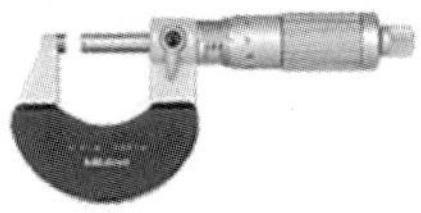				

续表

名称	图示	规格	精度	用途	使用方法
	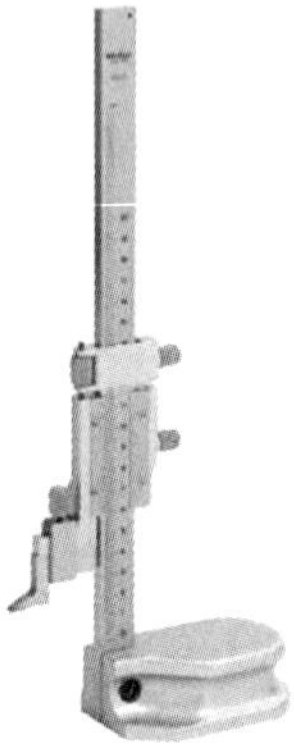				
	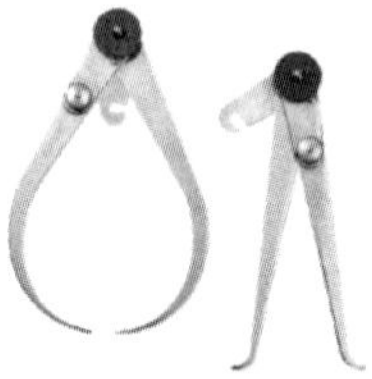				
	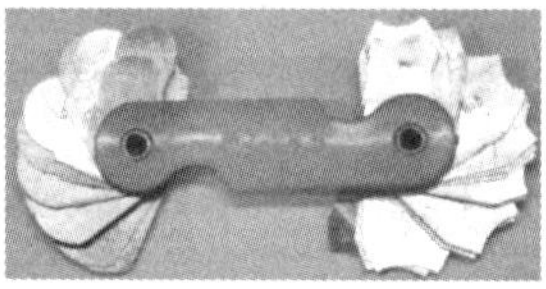				
	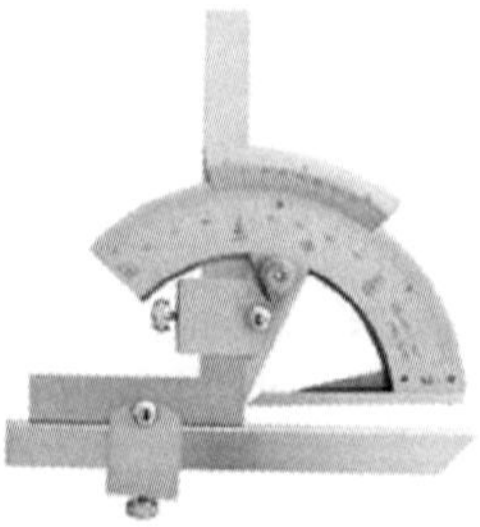				

4. 测绘 CA6140 型卧式车床主轴箱的主轴，并在下面绘制其零件草图。

二、选择检测工具和量具

1. 列出检测主轴箱主轴所需的工具和量具的名称。

类型	名称
工具	
量具	

2. 在下表中列出首次使用的工具和量具的名称、规格、用途和使用方法。

名称	规格	用途	使用方法

续表

名称	规格	用途	使用方法

三、检测主轴精度

主轴是车床的关键部分，在工作时承受很大的切削抗力。加工工件的精度和表面质量很大程度上取决于主轴的刚度和回转精度。

1. 根据《卧式车床 精度检验》（GB/T 4020—1997）的相关规定，检测CA6140型卧式车床主轴箱主轴的精度，见下表。

<table>
<tr><th colspan="2">检测项目</th><th>简图</th><th>允差</th><th>过程检测数据</th><th>检测结果</th></tr>
<tr><td colspan="2">a）主轴轴向窜动</td><td rowspan="2">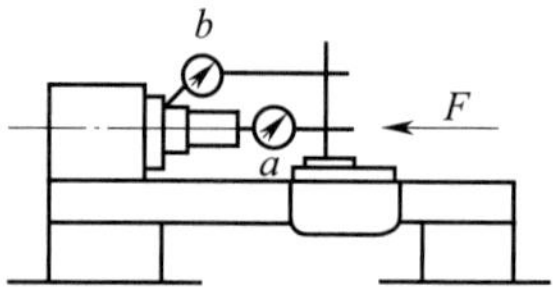</td><td></td><td></td><td></td></tr>
<tr><td colspan="2">b）主轴轴肩支承面的跳动</td><td></td><td></td><td></td></tr>
<tr><td colspan="2">主轴定心轴颈的径向圆跳动</td><td>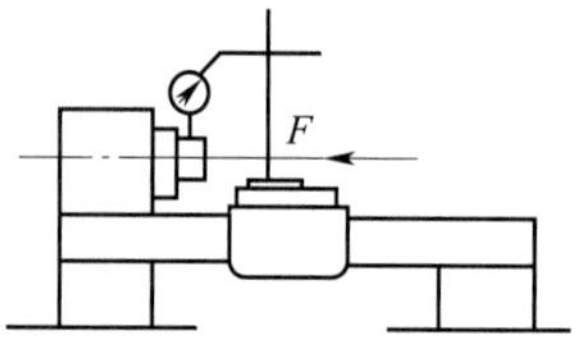</td><td></td><td></td><td></td></tr>
<tr><td rowspan="2">主轴锥孔轴线的径向圆跳动</td><td>a）靠近主轴端面</td><td rowspan="2">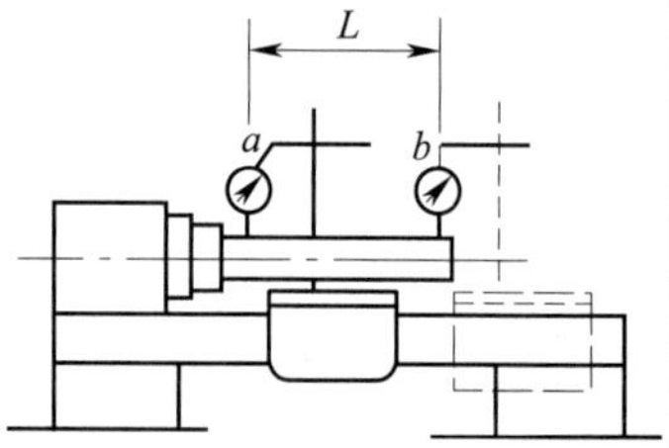</td><td></td><td></td><td></td></tr>
<tr><td>b）距主轴端面300 mm处</td><td></td><td></td><td></td></tr>
</table>

2. 查阅参考资料，说明主轴上母线只允许向上偏，侧母线只允许向前偏的原因。

3．根据主轴精度检测出现的问题，查阅参考资料，分析主轴精度的超差原因，提出精度调整的方法。

精度检测项目	超差原因	调整方法
主轴轴向窜动和轴肩支承面的跳动		
主轴定心轴颈的径向圆跳动		
主轴锥孔轴线的径向圆跳动		

学习活动 4　CA6140 型车床主轴箱装调与整体检测

学习目标

1. 能查阅参考资料，正确叙述产品的装配工艺过程、制定装配工艺规程的基本原则和步骤以及常用的装配方法，会计算装配尺寸链。

2. 能查阅参考资料，正确叙述固定连接的装配技术要求。

3. 能查阅参考资料，正确叙述传动机构的装配技术要求以及齿轮传动机构啮合质量的检验和调整方法。

4. 能查阅参考资料，掌握 CA6140 型卧式车床主轴箱主要部件装配的技术要求与调整方法。

5. 能按产品装配图的要求，确定装配顺序，编制 CA6140 型卧式车床主轴箱装配单元系统图，编写 CA6140 型卧式车床主轴箱装配工艺卡。

6. 能依据装配工艺卡完成 CA6140 型卧式车床主轴箱的装配和调整，在教师的指导下，对装配中出现的问题找出解决办法。

7. 能按相关规定对 CA6140 型卧式车床主轴箱工作状态进行整体检测，根据检测结果，分析不合格项目产生的原因，提出改进措施并实施调整。

8. 能正确填写 CA6140 型卧式车床主轴箱设备维护保养记录表和设备二级保养验收单。

建议学时：40 学时。

学习过程

一、学习装配基础知识

1. 按规定的技术要求，将若干零件组合成部件，再将若干零件和部件组合成机器的过程称为装配。设备维护保养过程中，机器经过拆卸、清洗和修理后，也要进行装配。查阅参考资料，叙述产品的装配工艺过程。

2. 装配工艺规程是规定装配全部部件和整个产品的工艺过程，以及所使用的设备和工具、夹具、量具、辅助用具等的技术文件。查阅参考资料，叙述制定装配工艺规程的基本原则和步骤。

3. 什么叫装配尺寸链？解装配尺寸链的方法和采用的装配方法有关，不同的装配方法有不同的解法。常用的装配方法那些？

4. 下图所示齿轮箱部件中，装配要求是轴向窜动量 $A_0=0.2\sim0.7$ mm。已知 $A_1=122$ mm，$A_2=28$ mm，$A_3=A_5=5$ mm，$A_4=140$ mm，用完全互换法解尺寸链。

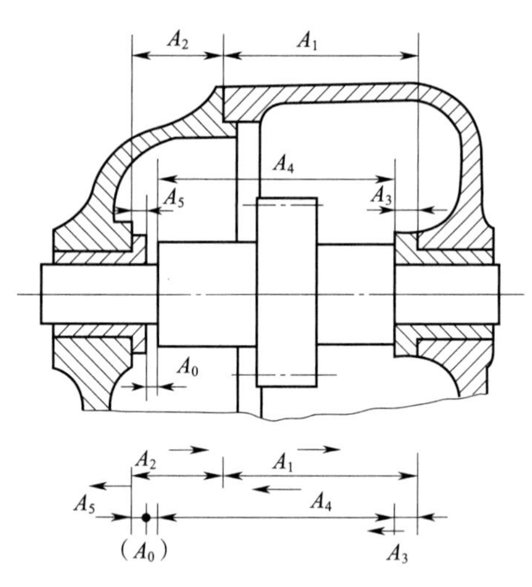

齿轮轴装配法

二、认知固定连接装配要求

1. 固定连接方式包括螺纹连接、键连接、销连接、过盈连接和管道连接等。结合CA6140型卧式车床主轴箱装配图和展开图，列出主轴箱中的固定连接方式类型。

2. 查阅参考资料，在下表中填写不同固定连接方式的装配技术要求。

固定连接方式		装配技术要求
螺纹连接		
键连接	松键连接	
	紧键连接	
	花键连接	
销连接		
过盈连接		
管道连接		

三、认知传动机构装配要求

1. 传动机构包括带传动机构、链传动机构、齿轮传动机构、蜗杆传动机构、螺旋传动机构、液压传动装置等。结合 CA6140 型卧式车床主轴箱装配图和展开图，列出主轴箱中的传动机构类型。

2. 查阅参考资料，在下表中填写不同传动机构的装配技术要求。

传动机构	装配技术要求
带传动机构	
链传动机构	
齿轮传动机构	
蜗杆传动机构	
螺旋传动机构	

3. CA6140型卧式车床主轴箱大多数机构采用齿轮传动。齿轮传动结构简单紧凑，传动效率高，传动比准确。齿轮传动机构装配后，需要检验齿轮副的啮合质量，包括齿侧间隙和接触精度两项。查阅参考资料，叙述齿轮传动机构啮合质量的检验和调整方法。

四、认知CA6140型卧式车床主轴箱主要部件装配与调整方法

1. 主轴及其轴承的装配与调整

（1）轴承是用来支承轴的部件。常见的轴承分为滑动轴承和滚动轴承。查阅参考资料，叙述滑动轴承和滚动轴承装配的技术要求。

（2）轴承的间隙直接影响主轴的旋转精度和刚度，因此，使用中如发现因轴承磨损使间隙增大时，需及时进行调整。查阅参考资料，叙述主轴轴承的调整方法。

2. 双向多片式摩擦离合器的装配与调整

(1) 查阅参考资料，叙述离合器装配的技术要求。

(2) 车床在工作时，可能产生主轴转速缓慢或突然自动停车（俗称“闷车”）的现象，这有可能是离合器中摩擦片的间隙不合适造成的。查阅参考资料，叙述主轴双向多片式摩擦离合器摩擦片间隙的调整方法。

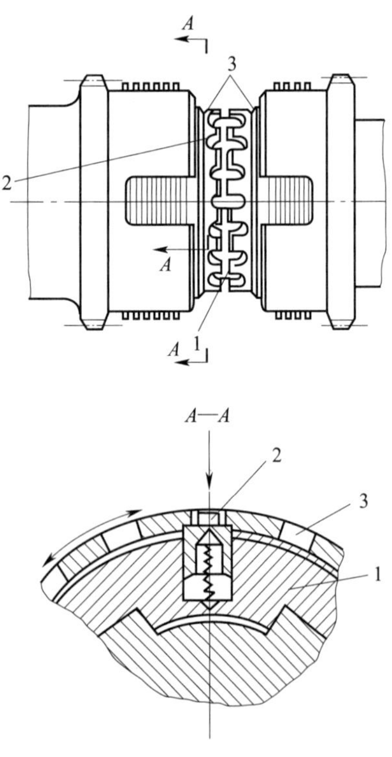

1—螺圈　2—弹簧锁　3—加压套

3. 闸带式制动器的调整

查阅参考资料，叙述主轴闸带式制动器的调整方法。调整到什么程度为合适?

五、制定装配工艺规程

装配工作是一项非常重要而细致的工作，必须认真按照产品装配图的要求，制定出合理的装配工艺规程。

1. 在装配工艺规程文件中，常用装配单元系统图来表示装配先后顺序，这种图能简明直观地反映出产品的装配先后顺序。查阅参考资料，参照 CA6140 型卧式车床主轴箱拆卸步骤相反的顺序，确定装配顺序，编制 CA6140 型卧式车床主轴箱装配单元系统图。

2. 根据装配图及装配单元系统图编写 CA6140 型卧式车床主轴箱装配工艺卡。

CA6140 型卧式车床主轴箱装配工艺卡

<table>
<tr><td colspan="2">装配技术要求</td><td colspan="5"></td></tr>
<tr><td colspan="2">装配车间</td><td colspan="2"></td><td>班组</td><td colspan="2"></td></tr>
<tr><td>工序号</td><td>工步号</td><td>装配内容</td><td>设备</td><td>工艺装备</td><td>工人技术等级</td><td>工序时间</td></tr>
<tr><td></td><td></td><td></td><td></td><td></td><td></td><td></td></tr>
<tr><td></td><td></td><td></td><td></td><td></td><td></td><td></td></tr>
<tr><td></td><td></td><td></td><td></td><td></td><td></td><td></td></tr>
<tr><td></td><td></td><td></td><td></td><td></td><td></td><td></td></tr>
<tr><td></td><td></td><td></td><td></td><td></td><td></td><td></td></tr>
</table>

续表

工序号	工步号	装配内容	设备	工艺装备	工人技术等级	工序时间

六、选择装调与检测工具、量具和辅助用具

1. 列出装调与检测所需的工具、量具和辅助用具的名称。

类型	名称
工具	
量具	
辅助用具	

2. 在下表中列出首次使用的工具、量具和辅助用具的名称、规格、用途和使用方法。

名称	规格	用途	使用方法

续表

名称	规格	用途	使用方法

七、完成 CA6140 型卧式车床主轴箱装调

1．学习机修车间操作规程和规章制度，记录装配操作注意事项。

2．依据装配工艺卡完成主轴箱组件及主轴箱的装配和调整，记录装配和调整步骤。

3．记录装配过程中出现的问题，并在教师的指导下找出解决方法。

八、完成 CA6140 型车床主轴箱整体检测

1．装配精度不仅影响机器或部件的工作性能，而且影响它们的使用寿命。机床的装配精度将直接影响所加工零件的精度。查阅参考资料，在下表中填写机器装配精度的内容。

装配精度	说明	实例
尺寸精度		
位置精度		
运动精度		
接触精度		

2. 车床主轴箱装配完毕后，在车床热平衡状态下，按 GB/T 4020—1997 的规定对主轴箱进行下表所列工作状态项目的检测。

工作状态检测项目	允差	检测工具	过程检测数据	检测结果
噪声				
振动				
轴承温度				
离合器与主轴变速操纵机构				
主轴径向圆跳动				
主轴轴向窜动				
轴肩支承的跳动				
定心轴颈的径向圆跳动				
主轴间隙				

3. 根据主轴箱检测结果，分析不合格项目产生的原因，提出改进措施并实施调整。

4. 主轴箱装配完毕后进行试运转，当车床温升稳定后，再对主轴轴组进行调整。记录主轴轴组调整的步骤。

九、填写 CA6140 型车床主轴箱维护保养记录

填写 CA6140 型卧式车床主轴箱设备维护保养记录表和设备二级保养验收单。

设备维护保养记录表

编号：

序号	设备名称	保养时间	完成时间	更换配件	保养后状态	维护人	设备操作人	备注

设备二级保养验收单

使用部门：　　　　　　　　　　　　　　　　保养时间：　　　年　　月　　日

设备编号		设备名称		型号规格		类别	

序号	保养部位	保养内容	确认
1	外表		

保养部门签字： 保养者：　　　　班长：	使用部门确认： 操作者：　　　　班长：

验收人意见：

设备管理员：　　　　　　　　负责人：

学习活动 5　工作总结、成果展示、经验交流

学习目标

1. 能结合任务完成情况，正确规范撰写工作总结。

2. 能按分组情况，分别派代表展示工作成果，说明本次任务的完成情况，并作分析总结。

3. 能针对本次任务中出现的问题提出改进措施。

4. 能对学习与工作进行反思总结，并能与他人开展良好合作，进行有效的沟通。

建议学时：4 学时。

学习过程

一、工作总结

1. 在下表中列出 CA6140 型卧式车床主轴箱拆卸、检测与装调过程中存在的问题，并归纳其解决方法。

序号	问题	解决方法

续表

序号	问题	解决方法

2. 归纳在本任务中学到的专业知识和专业技能。

3. 写出你认为在本任务中完成最好的一项或几项内容。

二、展示评价

把个人的成果先进行分组展示，再由小组推荐代表作必要的介绍。在展示过程中，以小组为单位进行评价；评价完成后，根据其他组成员对本组展示成果的评价意见进行归纳总结，完成如下项目。

1. 展示的经过拆装与检测的车床主轴箱符合技术标准吗？

   合格□　　不合格□　　返修□

2. 与其他组相比，你认为本小组的车床主轴箱拆卸工艺：

   合理□　　不合理□

3. 与其他组相比，你认为本小组的车床主轴箱装配工艺：

   合理□　　不合理□

4. 本小组介绍成果表达是否清晰？

   很好□　　一般，常补充□　　不清晰□

5. 本小组演示的车床主轴箱拆卸、保养方法操作正确吗？

   正确□　　部分正确□　　不正确□

6. 本小组演示的主轴检测方法操作正确吗？

   正确□　　部分正确□　　不正确□

7. 本小组演示的车床主轴箱装配、调整与整体检测方法操作正确吗？

   正确□　　部分正确□　　不正确□

8. 本小组演示操作时遵循了“6S”的工作要求吗？

   符合工作要求□　　忽略了部分要求□　　完全没有遵循□

9. 本小组成员的团队创新精神如何？

   良好□　　一般□　　不足□

三、教师评价

1. 针对展示过程中各组的优点进行点评。
2. 针对展示过程中各组的缺点进行点评，提出改进方法。
3. 总结整个任务完成过程中出现的亮点和不足。

将本组的点评要点记录在下面。

评价与分析

任务评价表

班级：__________　　学生姓名：__________　　学号：________

项目	自我评价			组内评价			教师评价		
	10 ~ 9	8 ~ 6	5 ~ 1	10 ~ 9	8 ~ 6	5 ~ 1	10 ~ 9	8 ~ 6	5 ~ 1
	占总评 10%			占总评 30%			占总评 60%		
学习活动 1									
学习活动 2									
学习活动 3									
学习活动 4									
学习活动 5									
表达能力									
协作精神									
纪律观念									
工作态度									
任务总体表现									
小计									
总评